致

100
年
後
的
人
們

小出裕章/著

韓應飛/譯

100 NEN GO NO HITOBITO E
by Hiroaki Koide
©2014 by Hiroaki Koide
Originally published 2014 by Shueisha Inc., Tokyo.
This complex Chinese edition published 2023
by Yingfei Han
All RIGHTS RESERVED

致100年後的人們

作　　者：小出裕章
翻　　譯：韓應飛
責任編輯：陳　芳　黎漢傑
設計排版：陳先英
法律顧問：陳煦堂　律師

出　　版：初文出版社有限公司
電郵：manuscriptpublish@gmail.com

印　　刷：陽光印刷製本廠

發　　行：香港聯合書刊物流有限公司
香港新界荃灣德士古道220-248號
荃灣工業中心16樓
電話：(852) 2150-2100　傳真：(852) 2407-3062

海外總經銷：貿騰發賣股份有限公司
電話：886-2-82275988　傳真：886-2-82275989
網址：www.namode.com

版　　次：2023年12月初版
國際書號：978-988-70074-0-1
定　　價：港幣78元　新臺幣280元

Published and printed in Hong Kong

中国語版出版にあたっての想い

　2011年3月11日、東京電力福島第一原子力発電所が破局的な事故を起こし、事故当日「原子力緊急事態宣言」が発令されました。すでに多くの日本人は忘れさせられてしまっていますが、12年半以上たった今もその宣言は解除できないまま続いています。それなのにこの事故に責任ある人々は誰一人として責任を取らず、処罰もされていません。それをよいことに彼らはこれからも原子力を進めようとしています。誠に愚かな人たち、愚かな国だと私は思います。

　でも、中国でも今、原子力発電が精力的に進められています。今の時代に生きる私たちが少しでも豊かに贅沢に生きることを望み、原子力に夢を託そうとしています。しかし、原子力とは徹頭徹尾差別的で、社会的に弱い立場にいる人たちに犠牲をしわ寄せします。何よりも、今現在のいかなる選択にも参加することができない未来の子どもたちに負担を押し付けるものです。今、日本という国では「今だけ、カネだけ、自分だけ」と考える人たちが政権を握っています。世界の多くの国がそうした考えに引きずられています。そんなことでいいのか、中国で今を生きる人たちに考えてほしいと私は思います。

小出　裕章（元京都大学原子炉実験所助教）

寫在中文版出版之際

　　2011 年 3 月 11 日，東京電力公司福島第一核電站發生了毀滅性事故。事故當天，日本政府發出了「核電緊急狀態宣言」。雖然大部分日本人已經遺忘，但 12 年半後的今天，「宣言」依然未能解除，依然持續。事態如此嚴重，但對這一事故負有責任的人們卻無一人被追究責任，無一人受到處罰。這樣，他們會想，既然如此，今後繼續搞核電也沒問題。這些人，今後還將繼續推動核電產業的擴大。我認為，日本其國其民，實在無比愚昧。

　　再看看中國的情況。現在，中國也在大力推進核電產業。活在當今時代的我們，都希望生活更富裕一些更奢華一些，因而也就把希望寄托在核電上。但是，核電是犧牲弱勢群體、徹頭徹尾帶歧視性的產業體系。最不能容忍的是，核電把無法想像的後果強加給現在不能參與任何選擇的未來的孩子們。現在，在日本這個國家，掌握政權的，是「只想着現在，只想着金錢，只想着自己」的一些人。在世界上，很多國家也受到這一想法的影響。但是，真的容許這樣嗎？我希望現在在中國生活的人們也能思考一下。

　　　　　　　小出裕章 (前京都大學原子爐實驗所助教)

目次

第二章　人的時間　放射性物質的時間

第三章　科學並不是一定要發揮什麼作用

第四章　善良的心存在於投向沉默領域的目光中

寫在前面的話
——致「活在今天」、「活在這裏」的人們

在三一一大地震和隨後立即發生的福島第一核電站的重大事故差不多過去了兩年半的 2013 年 8 月 30 日，我首次參加了在東京首相官邸和國會議事堂前舉辦的反核電抗議活動。這一抗議活動，一直是每星期五舉辦，那天也是星期五。

那天，我只是以普通參加者的身份，站在被稱作是「家庭區域」的一塊地方。但是，抗議活動的主辦方卻讓我站出來說幾句話。

以下內容是我那天的講話記錄：

「我一直想參加這一抗議活動，今天終於如願以償。主辦方讓我講幾句話，但我覺得，主角是你們。像我這樣的人，講不講話是無所謂的。我把這一想法告訴了主辦人，但他們還是要求我講幾句話。那麼，我就講幾句吧！

「這兩年半，你們每個星期五都自願來到這裏。這

一點，讓我感到非常欣慰。

「現在，政府採取了新的戰術，企圖把福島的事故大事化小，小事化無。為了對抗政府的這一做法，我們所能做的是決不忘記事故。這裏是帶着家人前來參加抗議活動的『家庭區域』，你們和孩子們——我們的未來——一起創造未來。希望大家能團結一致，想盡辦法促使核電站停止運轉。」(根據當天演講的錄音整理)

當我從演講台走下來的時候，本書的責任編輯叫住了我。

我在多個地方講過，我曾相信核能的和平利用這一夢想，但後來我覺察到，我上了大當。為此，我必須清算自己的錯誤。迄今為止的人生，我一直在為清算自己的錯誤而努力。我覺得，作為致力於廢除核電的科學技術工作者，我對自己就專業以外的問題進行引人注目的發言感到羞愧。也因此，那天晚上，我一直拒絕在家庭區域講話。

在那次演講的一個半月後，那位責任編輯來到我的研究室——位於大阪府泉南郡熊取町的京都大學原子爐實驗所，提出出版「致 10 萬年後的人們」這樣一本書的想法。

在日本，小泉純一郎前首相曾經考察過的芬蘭安

克羅 (Onkalo) 核廢物——通常寫作「核廢棄物」。但是，「廢棄物」的意思是「不能用了，要丟棄的東西」。如果是一般的垃圾的話，自然環境會使之得到淨化。但是，自然環境無法消滅核輻射。因此，具有核輻射的垃圾，不允許被丟棄。因此，我使用「核廢物」和「放射性廢物」這樣的說法——最終處理設施廣為人知。類似在安克羅這樣的地方被封存的核廢物，一般認為，至少需要 10 萬年的時間，才能在一定程度上變得安全。但這並不是說，過了 10 萬年，其危險性就會變為零。不過，按照一般的說法，需要 10 萬年或 100 萬年，核廢物才能相對變得安全。

因此，編輯希望用 10 萬年這一象徵性的說法，向世人提出生活在同一個時代的人絕對無法解決的核廢物問題，以期引起關注。編輯希望我能以「寫信的形式」，一邊想像那些生活在遙遠未來的人們，一邊向他們說些什麼。

他提議，可設想如下一些題目：

第一封信，此處嚴禁靠近；

第二封信，這些廢墟是「怪物」的殘骸；

第三封信，很久以前，有些村民曾飼養過「怪物」；

第四封信，很久以前，有些人曾和「怪物」戰鬥；

　　第五封信，很久以前，「怪物」把災難擴散到世界各地；

　　第六封信，「怪物」尚未完全死亡。

　　對以上這些題目，我當即回答：「沒有意義。」這一回答，與我的生死觀有關。

　　我不相信死後的世界。

　　生活在這個世界的人，無一例外地會在延續不斷的歷史長河的某一處，突然被拋出去，突然消失。

　　所以，在某種意義上，每一個人的人格都是絕對平等，絕對孤獨的。

　　我現在之所以反覆就核電問題發言，表明看法，無非是因為，希望能在有限的人生之內清算自己的錯誤，使核電得以廢除。僅此而已，別無所求。我要回報社會。我是一個徹底的個人主義者，撇開這一點去思考和行動，對我來說都是不可能的。

　　我不知道該怎麼辦。

　　不管是怎樣的政治體制，都絕對不可能持續到 10 萬年以後。進一步說，別說是政治體制，10 萬年後是人類都不知是否還存在的時空。所以，即使是想像，也不知該對 10 萬年後的人們說些什麼。

　　就這樣，在和編輯的交談過程中，我漸漸明白，

他想向世人傳達的並不是 10 萬年這一具體的時間，而是政治的問題，是民主主義的問題。

概言之，我們有無權利代表幼小的孩子們，以及尚未出生的子孫後代來決定核廢物的管理這個一代人無法處理的問題。換句話說，對那些尚未來到這個世界的人們的心情和想法，我們如何將其放在「現在、這裏」這一時空中去考慮呢？

死後一切皆無。

我明天都有可能死去。

我雖然這樣想，這樣活了過來，但同時，我也天天都在想起田中正造 (1841-1913)、宮澤賢治 (1896-1933) 以及甘地 (1869-1948) 這些我所敬愛的人物。他們活在 100 年前的時空，但他們的人生哲學，他們的活法，值得我學習。另一方面，對自己的家人、友人、熟人以及自己所屬社區的下一代、下下一代的人們，在某種程度上，可以有一種現實的想像。

只要活着，我是絕對不會放棄廢除核電的使命。但是，這真能實現嗎？雖然我很不情願說出來，實際上，要實現是極其困難的。我不得不做出如此的判斷。

100 年後的福島第一核電站究竟會是個什麼樣子？估計核污染的範圍將更加擴大，受到核輻射的居

民的健康也將受到更大的損害。對這樣的狀況加以想像的時候，我總是焦躁不已。

本書題目中有「100年後」這些字眼。不過，我還是盡可能以「活在現在」和「活在這裏」這樣的心情和想法，來理解和想像100年後。

我是一個絕對的個人主義者。我認為，每個人都是孤獨的。但我同時也相信，在浩瀚的歷史中，某些人會偶然「相遇」。這樣的「相遇」，可說是奇迹。可以說，具有獨特人格的人們的相遇，是創造新事物的源泉。雖然我對「10萬年後」的時空無法想像，但對於「100年後」，我覺得也許能說些什麼。對這「100年後」，我還能多多少少有些與他人「相遇」的感覺。

這就是我同意出版本書的理由。

第一章
思考事故發生後的三年

事故已過去了三年

福島核電站事故的發生，已過去了三年的時間。

這是人類迄今為止從未經歷過的事故。對事故的處理，三年過去了，幾乎沒有任何進展。

很遺憾，與切爾諾貝爾同為 7 級的這一最慘重的事故，完全沒有得到妥善處理。等級 3 的重大異常事態的污染水，也無法堵住，一直在大範圍排出而污染環境。為了防止這些污染水的流出而進行作業的工人，遭受着極為嚴重的核輻射。

包括年輕人在內，對核輻射基本上不具備任何知識的人們，在通過一次、兩次、三次，到最後，甚至是十次的一層一層的承包，每天在遭受核輻射的情況下被強制勞動。這一事態，非常令人擔心。

此外，因 2011 年 3 月 11 日的事故的發生，在福島第一核電站廠區外側居住的十幾萬居民，一下子被推到受苦受難的最底層，突然被趕出故鄉，開始流浪。這一狀況，至今仍在繼續。

在上述十幾萬人居住的「避難指定區域」更靠外的地區，本來必須依照法律制定為「放射綫管理區域」，但現在仍有幾百萬人被遺棄在這一污染地帶，今後也不得不居住下去。

在福島核電站事故發生後的短時間內，如下的信息被大量傳播：「並不是多麼大的事故」；「不會立即有影響，請放心」。

現在，又出現了一些趨向，意在讓人們形成如下的認識：「事故的處理已取得進展。已經沒問題了」；「受害狀況並沒有那麼嚴重」。這些新趨向，越來越強。

大媒體也不像從前那樣積極報道福島的事了。但是，現實情況是，連福島核電站事故的原因，至今都未能弄清。至於能不能讓事故的處理取得真正進展，更是不得而知。這就是福島核電站事故的現實。

污染水

　　福島核電站事故的不少問題，本來必須更早地解決，但卻一直放置不管，導致事態進一步惡化。污染水問題就是其中之一。

　　2013 年 7 月 22 日，東京電力公司承認，被污染的地下水流入了海裏。

　　接着，8 月 20 日，東京電力又公布，有一個水箱泄漏了 300 噸的污染水。據説，這其中包括每升含有 8000 萬 Bq（貝克勒）的放射性物質。我認為，這一放射性物質是鍶 -90，其數量相當於廣島、長崎原子彈爆炸時擴散的鍶 -90 的幾分之一。

　　而且，福島第一核電站的水箱，當然不只一個。現實情況是，廠區已被水箱佔滿了。到現在為止，為了使爐心冷卻而使用了大量的水，因此，污染水一直在增多。

　　現在，對大部分海產檢測的結果，污染並未超標。大量的放射性物質泄漏了，但海產的污染卻停留在一定程度。這是為什麼呢？我認為，理由如下：

　　泄漏出去的污染水，大概滲入了福島第一核電站廠區的地面裏，所以，現在廠區簡直就像是成了放射

性物質的沼澤地。因為土壤容易使放射性物質殘留下來，所以，泄漏後滲入到土裏的銫 -137 和鍶 -90 這些物質，在慢慢流入海裏。

從水箱裏泄漏出去的污染水中含有的放射性物質，並不是馬上全都流入了海裏，而是在今後很長時間內流入。有人說，海水會稀釋放射性物質，所以不必擔心。但是，放射性物質一旦流入海裏，即使會被稀釋，但同時由於生物具有使之濃縮的作用，在今後很長時間內，放射性物質對海水的污染仍會繼續。

安倍首相在國際奧委會全會上的謊言

在申辦奧運會的國際奧委會全會上，安倍首相有如下的發言：「污染水的影響被完全控制在港灣內 0.3 平方公里的範圍之內。」但是，我要說，這完全是謊言。

為了防止污染水的流出，通過使用擋板把污染水遮擋在港灣內。這一作業正在進行。但是，海不僅有潮漲潮落，還有波浪和海流。因此，海水是在港灣內和港灣外來回流動的。既然如此，污染水當然會流入大海。

而且，海都是連在一起的。從福島第一核電站的

廠區內流入大海的污染水，先是流向整個太平洋，最終則流向整個地球上的大海之中。情況就是這樣。污染水只是被海水稀釋，但要完全控制在、阻擋在某一個海域是不可能的。

地球上有大量的水，因此也被稱為「水的行星」。這樣想的話，對流入海裏的放射性物質，我們也只能是期待被海水稀釋，別無他法。但是，生活在「水的行星」——地球上的我們，從根本上來說，是依靠着水而生存的。因此，水被污染，不僅對人，對地球上所有的生命體，都會構成很大的威脅。

因此，僅僅考慮污染水，問題已是非常嚴重。污染水從水箱裏泄漏，是等級 3 的事故。這一等級 3 的事故，與 1997 年發生的動力爐‧核燃料開發事業團（現在的日本原子力研究開發機構）的東海再處理設施火災爆炸為相同級別。但是，我認為，污染水在這三年中不斷泄漏是更為嚴重的問題。由於等級 7 的福島第一核電站事故在 2011 年 3 月 11 日以後一直處於持續狀態，導致污染水問題一直無法解決。

被污染的地下水流入港灣的消息，是在參議院選舉投票的第二天，即 2013 年 7 月 22 日公布的。但事實是，在事故發生後，污染水就開始泄漏，並一直

持續。

2011 年 5 月底，有 10 萬噸污染水積存於核電站的廠區內。具體地說，這些污染水是積存於核反應爐廠房的地下、渦輪機廠房地下，還有坑道和立坑這些混凝土結構之中。而混凝土結構，是一定會破裂的。在 2011 年 3 月 11 日遭到巨大地震的襲擊後，廠區內的那些混凝土結構，肯定出現了多處破裂。污染水就是在核電站事故發生後從那些破裂處開始泄漏的。

對以上情況，一直熟視無睹，過了兩年多，才說什麼污染水問題很嚴重。我想說，怎麼現在才提起這一問題呢？

污染的規模

根據日本政府公布的信息，福島第一核電站事故後，有相當於廣島原子彈爆炸時發生的 168 倍的銫 -137 釋放到了大氣之中。

但我認為，這一數字完全不足以說明實際流入大氣中的銫 -137 的數量。真實的數字一定更高。不管怎麼說，政府是福島核電站事故的負責方。當政府受到追究的時候，無法相信政府的負責人會老老實實地說

出受害狀況。儘管如此，從事故的規模來看，整個日本國土受到污染的比例還算是低。

福島第一核電站建在海岸邊，東邊面向太平洋。由於日本的氣候屬北半球溫帶，所以偏西風是卓越風。正因此，大部分泄漏的放射性物質是朝着太平洋方向飄走。

IAEA（國際原子能組織，International Atomic Energy Agency）公布的調查報告認為「福島核電站事故的影響比預想的要小」，是考慮到了這一點。相反，如果是靠日本海一側的核電站發生事故的話，由於西風吹來，放射性物質會被帶到日本中部和關東地方，整個國家的受害狀況將會更加嚴重。

切爾諾貝爾核電站事故只是一座核反應爐遭到損壞，但福島第一核電站事故則是 1 號、2 號、3 號核反應爐都遭到損壞。而且，4 號爐的「已使用核燃料儲水池」似乎也有破損，危險狀態依然在持續。雖然從 4 號爐有大量的放射性物質泄漏，但由於偏西風的作用，日本國土才好不容易維持在現在這個污染程度之下。

雖然這樣說，相當於琵琶湖面積 1.7 倍的約 1000 平方公里的地區，被政府指定為「避難指定區域」。這一嚴重狀況沒有改變。

「強制避難」是什麼意思呢？它意味着，有一天，突然接到通知而被指定為「避難指定區域」的人們，必須棄家出走，不能携帶任何東西。

起初，這些避難的人們住在避難所，過一段時間後被安排住在臨時住宅。所謂臨時住宅，是兩個人住四疊半榻榻米這樣的地方。避難的人多數是農民。他們被剝奪了土地，怎麼幹農活呢？特別是那些從事種植業的農民，長年累月施肥育土，種植農作物，世世代代如此。我認為，對他們來說，賴以生存的土地被剝奪，就如同是生命被剝奪一樣。

如此被要求強制避難的人數有十幾萬人。如果真要補償這十幾萬人所受的損失的話，一定是一筆很大的開支。

另一方面，如果嚴格執行日本法律的話，必須指定為「放射綫管理區域」的面積，就根本不只是現在指定的 1000 平方公里，而是更大。

估計是 2 萬平方公里。在這 2 萬平方公里內，現在至少有幾百萬人居住着。如果按照法律實施強制避難，並給予必要補償的話，不是幾十兆、幾百兆日元就夠的。日本政府會因此而財政破產。在福島第一核電站發生的事故，就是如此嚴重。

無能的「負責人」

我認為，福島核電站事故的「負責人」們的做法太
不像話了。

他們之所以那麼做，都是為了不讓東京電力倒閉。
一切都是為了讓東京電力能夠繼續存在下去。東京電
力是日本屈指可數的巨大企業。這次的事故造成的損
失，是東京電力倒閉數十次都無法挽回的。事故現在
依然在進行，但問題的嚴重性卻沒有得到正視。如果
加以正視的話，早讓東京電力依照法律程序倒閉了。
如果能那樣做，事故的處理將由政府一手負責。

政府來處理這一事故的話，其龐大的費用當然是
從國民所納的稅（國民辛辛苦苦掙來的錢）中拿出。但
是，事到如今，這也沒有辦法。因此，政府必須在國民
面前低下頭，說一些「對不起。沒想到事情會弄到這般
田地。已經沒有任何辦法了。所以，請大家放棄有更
好的解決辦法這一希望吧。麻煩大家出錢吧」之類的
話，並設法處理事故。我認為，這是事故處理的唯一
道路。

威　脅

很遺憾，現在的情況並非如此。

何止是「並非如此」呢，簡直是向着相反的方向發展。福島核電站事故如何處理，現在連個頭緒都沒有理出來。然而，卻又要急着重啟其他核電站。此外，向外國推銷核電站這樣的事情也在進行。

如果考慮到福島核電站事故的嚴重性的話，在東京舉辦奧運會，簡直可以說是瘋了。以正常的思維思考的話，與其把力量用在舉辦奧運會，難道不應該盡全力使福島核電站事故的處理向前邁進一步嗎？難道不應該盡全力救助事故受害者嗎？

福島核電站事故發生時，民主黨政權的應對很是糟糕。不過，一直在推進核電產業擴大的自民黨在選舉中大勝的時候，我更加失望。不難想像，如果自民黨重新執政，必定會更進一步推動核電產業的擴大。

儘管大多數選民支持廢除核電，但為什麼自民黨能在選舉中大勝呢？我想，原因之一是，大部分人受到威脅，並屈服於威脅。這一威脅是：「如果不搞核電的話，經濟就無法發展，大家就會變窮！」

威脅還有如下一些：

「核電站不重新運轉的話，電費就會上漲！」

「如果那樣，日本在國際競爭中就無法取勝！」

「其結果，雇用體系將崩潰，大家都將失業！」

我認為，在當今日本，人們最關心的事是自己如何活下去的問題。大家都擔心，自己的工資不漲的話，那該怎麼辦？同時，大家也害怕，一旦失業了，那該怎麼辦？自民黨巧妙地利用了國民的這一心理。另一方面，我認為，對核電站事故的嚴重性不積極報道，而是協助自民黨威脅國民的媒體，也有很大的責任。

不管做什麼電力公司都不會倒閉

有一個詞叫「核電村」。但是，我的看法是，「核電村」這樣的說法不足以說明實際情況。政府、與核電產業直接相關的企業和組織、電力公司、媒體、法院以及學者們，都結成了一夥，形成了推動核電擴大的巨大的犯罪組織。因此，我稱之為「核電黑社會」。令我難以容忍的是，推動核電產業擴大的這些犯罪勢力，在這次事故後，絲毫沒有受到任何打擊。

一般而言，抵觸法律而犯罪的人，必須在法庭上受到審判，然後為贖罪而服刑。但是，東京電力的高

層管理員和推動核電擴大的政治界及經濟界的人們，卻不被追究事故責任，當然也就沒有被關入監獄。結果，這些人的關係網和有關核電的預算都完好無損。豈止如此，大建築公司正在靠着大地震後的重建工作而大發其財。我不理解，這到底是怎麼回事？

權力這種東西，只要不被更強大的權力處罰，就完全是安全的。在引起這次福島核電站的事故中，東京電力負有最大的責任。我認為，用「責任」這個詞是完全不夠的，東京電力的所作所為，簡直就是「犯罪」。「犯罪者」的東京電力沒有倒閉而繼續存在，其高層人員也處於安全地帶。

這是給其他電力公司發出的信號。就是說，不管引起怎樣的事故，電力公司都不會倒閉，所以，今後可以通過讓核電站重新運轉起來而賺錢，也能在推動核電產業擴大這件事上放手大幹。

放射綫管理區域

現在必須做的事是讓福島的人們逃生。説什麼「不忘福島」、「支援受災地區」等，以促使人們去福島旅遊的做法是錯誤的。把福島的人們丟棄在被放射性物質

污染的地方不管，又能做什麼呢？

　　聽説有去參觀切爾諾貝爾核電站的旅遊活動。但是，切爾諾貝爾的污染地區是不讓人居住的。我不阻擋一些人去看福島第一核電站，但是，因這次事故而被放射性物質污染的地方，是不能讓人居住的。

　　按照日本的法律，1 平方米超過 4 萬 Bq 的物體，不管是什麼物體，都不允許放置在「放射綫管理區域」之外。

　　如果嚴格執行這一法律的話，以下區域必須被指定為放射綫管理區域。這些核污染嚴重的區域包括：福島縣東部的一半和西部的很大一部分、櫪木縣和群馬縣北部的一半、宮城縣南部和北部的一部分、岩手縣南部的一部分、茨城縣的北部和南部、千葉縣的北部、埼玉縣和東京都的一部分。

　　按理説，以上這些區域必須全部被指定為無人地帶。但是，實際上，僅僅是其中的極小部分，被指定為「放射綫管理區域」。雖然是極小的一部分，卻也有琵琶湖面積的 1.7 倍。而在這極小部分區域以外的應該被指定為無人地帶的區域，孩子們在泥水裏玩耍，人們生兒育女。

　　政府把國民遺棄在這樣的地方，等於説：「已經沒

辦法了。核輻射，要忍耐！普通人的話，一年遭受 1
毫希以上的核輻射也可以。平均 1 平方米超過 4 萬 Bq
的污染地，你們也隨便住吧！」

口口聲聲強調是法治國家，但卻把自己制定的法
律完全否定掉，強迫人們遭受核輻射。一般情況下，
如果誰不遵守法律，那將受到懲罰。但是，日本政府
破壞了自己的法律，卻沒有受到懲罰。

雖然我從來就沒有認為日本是一個好的國家，但
這次核電站事故後，我還是更強烈地感到：日本怎麼
會是這麼差的國家呢！2013 年 11 月，政府突然表示，
將改變讓核電站事故的全部受害者重返家園的方針。
可是，核電站受害者無法回到故土居住，這是事故發
生後馬上就知道的事，是誰都明白的事。可是，政府
為什麼至今沒有說呢？這令人憤慨。

由於政府沒能對核電站事故後的多種狀況採取有
效對策，這三年來，背井離鄉的人們承受了多少辛酸
啊！我不得不再次思考這件事。

為了逃離核污染，有些人被迫作出捨棄以前的生
活這一極為痛苦的抉擇。還有些人，只是父親留下，
而讓母親和孩子到別的地方避難。但是，這種避難方
式，又導致了家庭的破裂。對於這些人們承受的精神

上的痛苦，經濟上的打擊，究竟怎樣補償才行呢？我
不知道答案。我只能說，問題極為嚴重。

　　如果政府作出「這裏污染太嚴重，你們已經不能回
去居住了」這樣的判斷的話，就必須對這一地方的居民
給予完全的補償，必須讓他們移居到未被污染的安全
地方，必須把整個社區移到某個地方以重建一個小鎮。
政府必須給予以上的支援。

　　雖然已經晚了，但我認為，從現在開始，必須採
取措施，儘早讓人們能夠安心生活。

「因謠言而受損」是媒體在製造輿論

　　如果存在「因謠言而受損」這樣的事的話，那是因
為日本是一個不誠實的國家。作為事實，核污染是存
在的。

　　由於核污染的事實沒能得到正確的報道，人們不
知道該怎麼辦。這是問題的所在。

　　值得慶幸的是，與切爾諾貝爾核電站事故相比，
福島農產品的受污染濃度還算是低。但是，這並不是
說，福島的農產品沒有受到污染。蘑菇類和茶等容易
吸收土壤中的放射性物質，必須加以注意。

關於吃的東西，現在的標準是，一般食品是平均1 公斤 100Bq。但是，如果有人說「低於這個過高的標準的食品都是安全的」，我想誰也不會相信吧！

我想，很多人會這樣想：「我完全弄不清楚，所以，還是不吃。」這是很自然的心理狀態，但卻被說成是「因謠言而受損」。

我認為，如果能充分發布信息的話，人們是能夠正確行動的，也當然會對政府表示信任的。

政府不發布信息，就無法消除人們的不安。在缺乏信息的狀況中不得不作出選擇的話，出現「因謠言而受損」也就不能避免。

因此，防止「因謠言而受損」的唯一辦法，是充分發布相關信息。在日本，政府不發布有關食品安全的信息，媒體也不做具體報道。日本就是這樣一個掩蓋事實的國家。

按照污染度加標籤

但是，我認為，即使是正確的信息得到公開，如果聽任個人選擇的話，還是危險的。

有些人會想，福島以及關東北部的蔬菜不能吃了，

那就買西日本的或者外國產的。可是，正如切爾諾貝爾核電站事故發生後一樣，現在，全世界的農產品都已被福島核電站事故泄漏的放射性物質所污染。這是根本的事實。

進一步而言，在切爾諾貝爾核電站事故和福島核電站事故發生之前，地球上的每一個角落都已被大氣層內核試驗釋放的放射性物質所污染。因此，食品的絕對安全是不存在的。也因此，只能面對這一事實，在了解各種食品的污染度之後作出判斷。所謂判斷，是指如果污染度低於多少就可以接受。

我的建議如下。這也許只是一種理想。

不僅是福島產的食品，而且要對全世界的食品進行核輻射數值測定，根據從高到低的數值，就如同採取電影分級制度，有些電影禁止 18 歲以下人士觀看的方法一樣，貼上禁止 60 歲以下、50 歲以下、40 歲以下、30 歲以下、20 歲以下和 10 歲以下食用的標籤。這樣做，就是讓對核輻射已經反應遲鈍的年齡大的人吃那些污染度高的食品。

如果人們說「核輻射」可怕，因而都不購買福島和關東北部的農產品的話，那些農民就將無法維持生計。所以，我認為，總得有人吃才行。進一步說，如果非要

說必須讓哪些人吃的話，那麼，至今未能阻止核電產業擴大的大人應該吃。

總之，與人類受核輻射危險度平均值（30歲最接近各個年齡群平均值）相比，嬰兒的危險度有4-5倍。所以，不能讓嬰兒和今後要生兒育女的年輕一代吃那些福島和關東北部的農產品。

在福島核電站事故發生前，以米為例，其污染度是平均1公斤0.1Bq左右。既然如此，對前述的人群，應該給他們提供這樣標準的食品。現在的標準是100Bq，這樣的食物，當然不應該讓孩子吃。就算是10Bq的食物，也不應該讓孩子吃。

受到核污染的食品，不得不吃嗎？

但是，「禁止標籤」這一方法也有嚴重的問題。

在某所大學和學生們就「禁止標籤」交流的時候，他們說：「我們沒有錢，所以只好吃那些大體上價格便宜的禁止60歲以下食用的食品。」他們還說：「禁止10歲以下和禁止20歲以下食用的那些價格高的食品，大概都會被有錢人買走。所以，我們本來是應該吃禁止20歲以下食用的食品，也想吃這些東西，但因為沒

有錢，吃不上。」

很遺憾，恐怕這是這個世界的現實吧！

切爾諾貝爾核電站事故發生時，被放射性物質污染的食品在歐洲遭到拒絕。結果，這些食品被轉運到貧窮的第三世界。我認為，現在，因福島核電站事故而污染的食品，也有極大可能被強行轉運到一些貧窮的國家。

使這個問題得到完美解決的答案是不存在的。但是我想，揭露問題的根本矛盾，讓大家知道當今世界有上述做法還是有必要的。我認為，就是為了這一點，也必須推行食品「按年齡禁止食用」的標籤制度。

比起核輻射來，政府更害怕國民陷於混亂

日本這個國家，比起讓國民遭受核輻射，更害怕國民陷於混亂。政府想的是，「國民很愚昧」，如果把事實告知他們，「就會陷入混亂」。但是，實際情況是，福島核電站事故發生後，陷入混亂的是政府。就連政府內部，信息都沒有傳達到。這簡直就是黑色幽默。

核電站事故發生後，日本政府的一貫做法是，不把人們應該知道的信息告訴他們。事故發生後，估計

有關人員在徹夜不眠地操作 SPEEDI（緊急環境輻射劑量評估系統，System for Prediction of Environmental Emergency Dose Information），但是，通過 SPEEDI 收集到的數據也被規定為機密，不予公開。

SPEEDI 是 1979 年美國三哩島核電站事故發生後建立的。日本核電推進派的人們曾揚言：「核電站事故絕對不會發生。」但三哩島核電站事故，讓他們不得不承認核電站事故是有可能發生的，因此建立了 SPEEDI。

核電站事故發生後，放射性物質飄向哪個方向，又是怎麼飄走的，這是必須計算的。為開發這一計算編碼，花費了 100 多億日元和數十年的時間。

但是，當福島核電站事故實際發生後，SPEEDI 的數據卻被交給了美軍，反而又不讓事故現場附近的居民知道。事情怎麼會是這樣呢？

另一方面，政府對日本全國的核研究工作者也下了嚴守機密的命令。我所在的京都大學，其校風是尊重每個教師的自主性，這在日本的大學中是首屈一指的。此外，原子爐實驗所又處於偏僻地區，一般而言，是不太受到政府控制的。但是，這次事故發生後，所長把所員招集到一起，然後宣布：「有關核電站事故的

數據，不得個別公布。我們將設立實驗所統一的對外部門，由那個部門統一公布。」

我是在事故發生後立即開始公布自己的看法的，我沒有聽從所長的指示。我說：「如果有人要求實驗所作出解釋，那就由實驗所作出回答。如果有人問我個人的見解，我就自己回答。」

我有時也許會弄錯，但在自己理解的範圍內發表個人見解，是作為一個研究工作人員的責任。雖然我最終並未被所長禁止發言，也未受到處分，但我感到，「別讓小出發言」這樣的壓力當然是存在的。

對「安全」抱有幻想的心理

對平均 1 平方米超過 4 萬 Bq 的污染地，如果遵守法律的話，是必須指定為「放射綫管理區域」的。福島市和郡山市，千葉縣的流山市和柏市，還有東京奧多摩的一部分地區等，是已經受到了 1 平方米超過 4 萬 Bq 的污染的。

我認為，這些地方，實際上人是不能住的。但是，政府卻不對上述地區的數百萬人說：「政府承擔責任，你們去避難。」

　　說什麼「想避難就去避難」，但對於實際去避難的人們，又不給一日元。在這種情況下，大部分人想逃都逃不出去。話說回頭，就是拿到錢，要改變迄今為止建立起來的生活，也不是一件容易的事。明知危險，但大多數人還是不得不留下來。對他們來說，「這裏才是自己生活的地方」。

　　如果是公司職員的話，為了逃走就需要辭掉工作。這當然不容易。而對從事第一產業的人來說，離開多年來支撐着自己的生活的土地，更是不可想像的。

　　既然如此，人們就會想，不能一直生活在核輻射的恐懼下，那就乾脆把它忘掉吧！人是無法在恐懼中生存的。如果政府說「安全」的話，人們都願意高興地相信「安全」。

　　但是，我有責任反覆提醒大家：「不能住在那些地方！」

　　雖然我認為，大人們自己選擇住在那些地方的話，那還可以，但因此連累孩子，讓孩子也受到核輻射是不對的。

　　如果一個地方沒有孩子，那麼，這個地方是無法存在下去的。我們世世代代繼承下來的生活文化，也當然是應該傳給下一代、下下一代的財產。因此，從

根本上説，國家應該讓人們移居到可以安心居住、可以生活的地方，比如一個鎮、一個村或者一個社區完全移居。因為國家不提供援助，所以人們「只好留下」。但是，事情不應該如此。日本這個國家不去做應該做的事，這才是問題的所在。

　　我這樣説，大概會被那些希望「安全」的人所厭惡。不過，我的想法是，儘管有些人也許對我感到厭惡，但我今後也還是要繼續表明自己的見解。我只能這樣做，這是自己應該發揮的作用。

「忘記核輻射，有利於健康」這一想法

　　我認為，讓人們一直住在危險的地方，是日本這個國家的錯誤。所以，我要依據自己掌握的科學知識，反覆地説：「不能在有核污染的地方住。」

　　但是，如果你的想法是聽從國家，那麼你會説：「在這個社會中活着，並非只有核輻射是危險的。相反，如果能把核輻射忘掉的話，就不會有精神負擔了，這是有利於健康的。」

　　當然，如果是核問題專家的話，誰都知道，遭受核輻射是危險的。

　　總之，一些人的想法是，如果國家做出「安全」判斷的話，我們就只好在這個「安全的環境」中活下去。既然如此，核輻射什麼的，最好不去想它。而我認為，靠這一想法，是無法說服人們的。

　　核輻射讓人們的健康受到損害，這是今後一定會出現的。

　　比如，日本政府說，一年的核輻射量在 20 毫希以下的地區，居民可以回去居住。如果承認這一標準的話，以人類受核輻射危險度平均值推算的話，30 歲的人 125 人中將有 1 人罹患癌症。而孩子們由於受核輻射影響的危險是平均年齡群的 4-5 倍，所以，25 或 30 個孩子中，將有 1 人因罹患癌症而死亡。如果有 3000 個孩子住在那裏的話，其中的 100 個孩子會因罹患癌症而死亡。

　　我說的必須指定為「放射綫管理區域」的地方約有 2 萬平方公里，而在那 2 萬平方公里上，住着幾百萬人。假設他們一年遭受 1 毫希核輻射的話，因罹患癌症而死亡的人數將是一個龐大的數字。

　　在那些地方住一年，就會發生如此的情況，可到現在，已過去了 3 年的時間。這一狀況，今後還將一直持續下去。放射性物質會衰減，慢慢地衰減。但是，

以對人體健康危害最大的銫 -137 為例，這種元素 30
年才能衰減一半。所以，在今後相當長的時期，人們
的健康受到損害這一狀況將持續。

健康受損的狀況無法得到檢驗

　　但是，我認為，對核輻射給人體健康帶來的損害
狀況作出檢驗，幾乎是不可能的。

　　為什麼呢？理由就在於，為了進行檢驗，就必須
建立疫學數據。

　　也就是說，受到核輻射的人和沒有受到核輻射的
人數據，都要收集。但是，如果對受核輻射的人進行
治療的話，其數據就將無法收集。考慮到這一點，仍
要收集數據的話，那就無法對遭受核輻射而引起身體
異常的人進行治療。

　　廣島、長崎原子彈爆炸受害者的疫學數據，就是
ABCC（原爆傷害調查委員會，Atomic Bomb Casualty
Commission）在不對受害者進行任何治療的前提下，
通過只作檢查這一方式而收集的。不能允許對福島核
電站事故的受害者實施這種非人道的措施。

　　通過廣島、長崎和切爾諾貝爾的數據，我們確切

地知道福島核電站事故已損害了人們的健康。因此，
為證明這次事故帶來的影響是如此之大而收集數據是
不能允許的。即使得不到相關數據，但只要有人因事
故患病，就必須立即給予治療。

說實在的，不限於此次事故，所謂疫學數據都是
不應該收集的。有人說，因為沒有取得疫學數據，所
以事故對疾病有無影響不得而知。這些人能說出這樣
的話，已表明他們是一些不承擔責任的人。

不能期待「外壓」

三年來，面對福島第一核電站事故，日本這個國
家的應對真是太差勁了。政府束手無策，令人難以
置信。

但是，有人期待通過美國等國家對日本的譴責，
也就是通過外壓來改變現狀，我認為，這一想法也是
不現實的。

大家想想——

現在的聯合國常任理事國都是擁有核武器的國家。

從 1950 年代到 1960 年代，因美國和前蘇聯等
超級大國進行大氣層內核試驗而排出的放射性物質，

相當於福島核電站事故泄漏的放射性物質的幾十倍之多。也因此，核電推進派説：「在福島核電站事故發生之前，地球已經被放射性物質污染了。」對於如此差勁的邏輯，我們姑且不去管它。我想説，通過核試驗把地球環境污染得極為厲害的元兇，根本就不可能對引起福島核電站事故的日本給予真正的譴責。

還有人説，好好接受 IAEA 的檢查的話就沒問題了。可是，IAEA 這一組織是以何種目的建立的？只要考慮這一點，就知道上述意見是多麼愚蠢。

IAEA 有兩個任務，一個是防止核武器擴散，另一個是推動核電產業的擴大。就是這麼兩個任務。關於防止核武器擴散，現在新聞報道頻繁地提到伊朗和朝鮮民主主義人民共和國，但是，如果要説 IAEA 最主要在監視哪個國家的話，那是日本。

IAEA 的監控攝像機，安裝在日本的各個地方，包括京都大學原子爐實驗所。

日本分離並擁有相當於在長崎投下的原子彈 4000 顆的鈈

作為國際組織，國聯（United Nations）支配着現在

的世界。

　　準確翻譯的話，應該是聯合國，是過去曾和包括日本在內的軸心國進行過戰爭的各個國家的聯合。

　　在聯合國憲章裏，現在仍保留了涉及敵對國家的條款。二戰以後，日本從美國的佔領狀態下擺脫出來，在「和平利用」的幌子下，強有力地推進了核電產業的擴大。為提取製造原子彈的材料——鈈，日本甚至建設了「核電站已使用核燃料」的再處理的工廠。雖然工廠沒有開始實際運轉，但讓人懷疑並不奇怪。

　　自民黨這個政黨一直在推動日本核電產業的擴大，口口聲聲說什麼「和平利用」，但其目的是為了擁有「一旦需要就能製造核武器的能力」。對於第二次世界大戰戰敗國的日本，美國禁止它進行有關「核」的研究。因此，至少在核研究上，日本成了落後國家。結果，在建設核電站時，先是從英國引進了第一座核電站——東海核電站，後來的核電站，都是從美國引進的。

　　對核反應爐運轉中產生的鈈進行分離的再處理技術，是高度的軍事技術，日本靠自己的力量沒能掌握這一技術。因此，日本的核電站產生的「已使用核燃料」，要運送到英國和法國處理。

現在，日本有 45 噸被分離後的鈈。這些被分離後
的鈈，有些保管在國外，有些保管在日本國內。這 45
噸的鈈，是相當於製造在長崎爆炸的原子彈 4000 顆的
量。在戰後的國際秩序中，是不允許日本擁有這 45 噸
鈈的。日本是被迫承諾不擁有鈈的國際公約的締約國，
這 45 噸鈈，是沒有用途的。

現在，日本儲存下如此大量的鈈，究竟如何處理？

結果，作為沒有辦法下的辦法，日本決定製造混
合氧化物核燃料（MOX fuel），也就是鈈和鈾的混合氧
化物，然後將它在普通的核電站燃燒。我們知道，普
通的核電站是以鈾為燃料而設計的，如果燃燒鈈，就
相當於在煤油爐裏燃燒汽油一樣。因此，本來就很危
險的核電站變得更加危險。不僅如此，在燃燒 MOX 燃
料的過程中，還會產生壽命極長的放射性物質，使得
「已使用核燃料」的處理工作變得更加困難。

以鈈為燃料而設計的核反應爐，被稱為快中子增
殖反應爐。但在日本，就連「文殊」這個很小的原型
爐，[1] 到現在都無法開始運轉。已經走投無路了，所以

1　譯者注：核反應爐的開發，是按照如下順序：先建造實驗爐，然後是原
　　型爐、實證爐，最後建造實用爐。

就不顧危險，要在普通的核反應爐裏燃燒鈈。日本的
核電產業，已被逼到了這樣的地步。

推動核電產業擴大是不現實的

福島核電站事故給世界帶來很大的衝擊，德國、
意大利、瑞士都改變了方針，開始走上廢除核電的道
路。但是，世界上的核電產業，依然在拼命掙扎。

比如，美國的核電產業由於失去了所有的生產綫，
所以就通過日本向世界各國兜售核電設施。

另一個核電大國法國，也由於在本國新建核電站
變得困難，便與一個勁兒追求經濟增長的中國勾結，
向英國兜售核電設施。

再看看日本。不僅是想讓停止運轉的核電站重新
運轉，而且還存在新建核電站的趨向。但是，即使是
不考慮核電的危險性，僅從把核電作為能源的來源之
一這一點看，也是靠不住的。

核電所使用的燃料——鈾，據說 70 年左右就將枯
竭。在現在這種核電站很少運轉的情況下，鈾的利用
也只能再持續 70 年。而如果核電站開始大量運轉的
話，鈾將在更短時間內枯竭。

核電推進派的邏輯是，石油資源已經靠不住了，所以今後是核電的時代。但是，如果把鈾換算成可以利用的能源量的話，只不過是石油的幾分之一，而和煤炭相比的話，更只是幾十分之一。因此，鈾是非常稀缺的資源。

有人說，石油和煤炭等化石燃料終將枯竭，因此，要依靠核能。但是，石油的預計可開採年限一直在延長。在 1930 年預計的可開採年限僅有 18 年，但 10 年後的 1940 年卻增加到 23 年。又過了 20 年的 1960 年則是 30 年，1990 年是 45 年。而最新的預測則是 54 年。

「石油快沒了，石油快沒了！」雖然有人這樣喊叫，但隨着時間的推移，石油的可開採年限延長了。由此可見，石油的預計可開採年限並沒有肯定的科學依據。老實說，我都相信，到了 2040 年，石油的預計可開採年限也許會變為「100 年」。

有人說，考慮到鈾終究會枯竭，所以應該使核燃料得到再利用，也就是從「已使用核燃料」中提取出鈈，然後以鈈為燃料讓核反應爐運轉。但是，包括美國在內，所有核先進國都以快中子高速增殖爐的技術太難為由，放棄了這一路綫。「核落後國日本」，雖然

起步晚了，但還是建造了快中子高速增殖爐「文殊」。可是，如前所述，「文殊」連運轉都無法開始。

福島發生的毀滅性事故明確告訴我們，核電並不是「未來的能源」。因此，我確信，核電產業的推進已經不得不結束了。

現在應該做的事

我只不過是一個搞核能研究的專家，但在福島第一核電站事故發生後，也馬上開始想，「這樣做怎麼樣」、「那樣做也好吧」。我產生了幾個想法。

在這些想法中，有一個是要求儘早在柏崎刈羽核電站建立污染水淨化系統，而污染水是要裝到水箱裏運送。我的另一個想法是要求儘早建設擋水牆。這是我在 2011 年 5 月就已經說過的。但是，這兩個建議都沒有被採納。

即使是現在，我還是認為，相對而言，我的這些建議是比較好的應對方法。關於擋水牆，是因為要斥資 1000 億日元，因而在東京電力的股東大會上通不過，而未被採納。這是多麼遺憾的事！如果當初決定建設擋水牆的話，大概省下幾兆日元了吧！

　　政府現在實施的污染水對策之一，是使用 ALPS
（多核素處理系統，Advanced Liquid Processing System）
這一多核素清除設備。但是，使用這一設備，是無法
清除氚的。氚的放射綫毒性沒有那麼高，因而大體上
也可以説，對生命體的危險度較低。但是，既然是放
射性物質，當然就不是無害。此外，氚對生命體的影
響，也並未完全弄清楚。

　　我認為，考慮到污染水一直在增加，是該放棄向
核反應爐加水冷卻這一方法的時候了。

　　我建議使用鉛、錫、鉍這些熔點比較低的金屬來
對核反應爐加以冷卻。熔化落下的爐心到底在哪裏，
現在不得而知。如果能把上述金屬送到雖然不知在何
處但肯定在某一地方的爐心的話，也許能夠清除來自
爐心發熱的狀態。至於如何才能把金屬送到爐心，
有必要借助包括流體工程學在內的各個領域的專家的
力量。

　　此外，還有兩個辦法。一是使用液態氮把保護容
器內的水全部凍結，二是使用空氣冷卻。

　　但是，使用上述這些方法，能否得到很好的效果
呢？對不起，我沒有足夠的信心作出肯定的回答。在
人類歷史上，還沒有任何人做過這件事。因此，該怎

樣應對才好，無法從經驗來判斷。不管怎樣，只能是
大家互相拿出主意，試着去做。

　　關於核污染水的問題，我講了這些，讓大家不安。
但是，現實情況就是如此。

　　到現在為止，東京電力和政府的有關人員所採取
的對策，只是用水來冷卻。這種基本上不聽取外部意
見的做法，已經行不通了。現在必須做的是，吸收各
個領域的專家的智慧，盡可能地找到多多少少相對好
一些的辦法。

能夠取出鈾燃料嗎？

　　關於福島第一核電站如何拆除、廢棄的問題，政
府和東京電力計劃從 2020 年開始，把 1、2、3 號核
反應爐熔化落下的燃料棒移到外面去。這簡直就是畫
餅充飢。

　　作為核燃料使用的鈾，被燒成陶瓷那樣的固體。
一個核反應爐裏，有 100 噸這樣的固體。這些陶瓷狀
的東西不超過攝氏 2800 度就不會熔化。可是，2011
年 3 月 11 日，在運轉中的福島核電站 1、2、3 號核
反應爐裏，這些陶瓷狀的核燃料熔化了。

核燃料熔化後，落向了被稱為核反應爐壓力容器的地方。這種壓力容器是用鋼鐵做的壓力鍋，而鋼鐵在攝氏 1400 -1500 度的高溫下會熔化。這樣，熔化的核燃料就穿透壓力容器的底部，進一步落到了外側的核反應爐保護容器的地板上。由於保護容器也是用鋼鐵做的，按道理說，也是很容易熔化的。不過，按照東京電力和政府的說法，由於保護容器的一部分貼了混凝土地板，在爐心熔化落下後，混凝土遭到了破壞，但現在尚未完全被破壞。但是，熔化落下的爐心到底在哪裏，至今無從知曉。

我的看法是，熔化落下的爐心，大概不是像饅頭一樣堆積在一個地方，而是流向四處，飛向四處，散亂在四處。其中的一部分，也許緊緊黏貼到了牆上。總之，要把這些核燃料全部回收是不可能的。即使只是回收其中的一小部分，但由於參加作業的人員會遭受強烈的核輻射，因此可以想像，作業本身是難上加難。

關於廢棄核反應爐的辦法，我認為只能採用切爾諾貝爾核電站的石棺方式，也就是用混凝土把核電站完全覆蓋，封閉起來。但是，在用石棺封死之前，先要做的是把使用過的核燃料從「已使用核燃料存儲水池」中轉移出去。這是必須盡全力去做的，一定要把「已使

用核燃料」轉移到危險性相對小一些的地方。

這是絕對有必要儘早開始的作業，但僅只這一作業也極為艱難。即使是現在就開始，都需要 10 年的時間吧！

逾兩年半時間過去了，4 號核反應爐終於開始了取出「已使用核燃料」的作業。考慮到 1、2、3 號核反應爐的「已使用核燃料」還擱置在「已使用核燃料存儲水池」中，真不知 4 號核反應爐的這一作業何時能結束。要知道，1、2、3 號核反應爐的內部，別說作業人員了，連機器人都是進不去的。情況就是如此糟糕。

那麼，如果 4 號爐內的「已使用核燃料」能夠取出的話，那個時候就該考慮 1、2、3 號核反應爐熔化落下的爐心如何處理。但是，事情恐怕不會朝那個方向發展。我的看法是，放棄取出核燃料這一想法，建造石棺，封死核電站。

再往下想，即使石棺做得很好，但如同現在切爾諾貝爾的情況一樣，三十年過後，最早建造的石棺已是破舊不堪了。所以，又不得不建造第二個石棺，以覆蓋第一個石棺。

第二個石棺，當然也會隨着歲月的推移爛掉，那就必須繼續建造下一個石棺。這一作業，必須幾十年，

甚至幾百年持續不斷地進行下去。而且，這一作業一直要在受到核輻射的情況下進行。

福島核電站的事故今後如何處理？究竟用什麼辦法，才能完成使核電站安全廢棄的任務？為此，又究竟會有多少悲慘的事情發生？那簡直是無法想像的。

如果有人認為事故已結束了的話，在我看來，那簡直是發瘋了。

我還想說，歷史如果不加以記錄，就會被刪除。

在福島，情況糟糕透頂，我不知如何用語言表達。更重要的是，糟糕透頂的狀況現在仍在持續。我認為，記錄福島的悲慘狀況，是媒體工作者的責任。

甘地強調的「七大社會罪責」

福島核電站事故發生後大約過了兩個月的 2011 年 5 月 23 日，我被叫到了參議院行政監視委員會。我談了對福島核電站事故的看法，也談了核電的愚蠢，最後，我引用了甘地（1869-1948）的「七大社會罪責」。

對於甘地，我並非在總體上給他很高的評價。不過，他的遺訓實在是說得太好了。我講話的時間只有 20 分鐘，但我還是覺得一定要讓大家聽聽甘地的這

「七大社會罪責」。

首先，第一大罪是「沒有理念的政治」，這是說給政治家聽的。其後的「不勞而獲的財富」、「沒有良心的快樂」、「沒有人格的知識」和「沒有道德的商業」，大概都適合評斷以東京電力為首的電力公司吧！

再看第六大罪──「沒有人性的科學」，我想用這句話質問包括我所屬的學術界。迄今為止，學術界毫無保留地對核電產業的擴大給予了協助。最後的第七大罪，是「沒有獻身精神的崇拜」。我想，信仰宗教的人們，應該好好想想這第七大罪的含義。

我想，用甘地說的這「七大罪」來說明福島核電站事故後糟糕透頂的狀況是再合適不過了。我們迄今為止所犯的罪，該如何贖清，是每一個人都必須認真思考的。

第二章

人的時間
放射性物質的時間

與放射性物質的戰爭，人類無法取勝

我希望 100 年後世界上不再有一座核電站。但是，願望能否實現，我不得而知。

另外，我也希望 100 年後福島的事故能夠基本得到控制。但這也恐怕是不可能的。現在，福島第一核電站的廠區內就如同是放射性物質的泥沼。我認為，這一狀況恐怕 100 年後也仍然持續。

迄今為止，我們聽到的是：「核電站是安全的。即使發生事故，也是 100 萬年才會有一次。」

可現實是，自從 1954 年在前蘇聯的奧布寧斯克（Obninsk）開始世界上第一座商用核電站的運轉以來，包括福島的事故，基本上是每 15 年一次的頻率發生嚴

重事故。因此,「核電站是安全的」這一說法,實在是
太不像話了。

我們所發動的戰爭,是以放射性物質為敵人的戰
爭。如果是普通戰爭的話,經過幾年或幾十年,戰爭
就會結束。但是,敵人是放射性物質的這場戰爭,卻
不會有個終結。不論我們怎樣「攻擊」,放射性物質都
不會倒下。放射性物質,簡直就是「打遍天下無敵手」。
所以,我們完全贏不了這場戰爭。而且,我們是一直
單方面受到傷害。

300 年後,放射性物質的勢頭會減弱到現在的一千
分之一左右,但我們人類也並不會因此而變得安全。
當然,那個時候,現在活在這個世界上的我們,已經無
一人存在。

核輻射減弱到一千分之一需要 300 年

核能發電的燃料是鈾,鈾的半衰期是 45 億年。不
用說,鈾本身是有毒物質。因此,美洲的原住民告誡我
們:「鈾那種東西,可別挖出來!」但是,人們對於美
洲原住民的警告不予理睬,挖掘出了鈾。為什麼要挖
掘鈾呢?先是為戰爭提供工具,後是為了賺錢。讓鈾

進行核裂變的話，核輻射會增加到 1 億倍。但是，對這核輻射增加到 1 億倍的放射性物質，該如何處理？人們不考慮這一點，而只是一味地追求眼前的利益。

在福島第一核電站的事故中泄漏的放射性物質中，最需要注意的是銫 -137 和鍶 -90。這兩種放射性物質的核輻射力，衰減至一半需要 30 年的時間。60 年過後，終於減為四分之一，90 年後減為八分之一。即使 100 年過去，也減不到十分之一。

我在工作中處理放射性物質時，想盡可能把核污染降到初始的一千分之一。但是，降到一千分之一，需要長達半衰期 10 倍的時間。就是說，關於銫 -137 和鍶 -90，要在 300 年內，也就是大體到 2300 年那個時候，持續調查，以防止核輻射影響到人體的健康。只能這樣，別無他法。

從現在看 300 年前，那是江戶時代。從江戶時代到現在，時代發生了多大的變化啊！關於放射性物質的影響，必須在 300 年這麼長的時間內一直密切地觀察。

世界上的核電站產生的核垃圾，逾1000萬顆廣島原爆所產生的核垃圾量

現在，世界上有430座核反應爐，其中差不多有一成，也就是57座在日本。這些核反應爐，直到最近還在運轉。

日本的核電站累計發電量為8兆千瓦時。有這樣的發電量，當然也就燃燒了相當多的鈾，產生了核垃圾——核裂變生成物。

粗略計算，日本核電站產生的核裂變生成物，相當於130萬顆廣島原子彈爆炸產生的量。如果從世界範圍來看的話，核電站產生的核裂變生成物的量，是日本的10倍，相當於1000多萬顆廣島原子彈爆炸產生的量。

即使現在這個時候立即讓世界上所有的核電站停止發電，地球上存在的「核垃圾」已是如此之多。如果不能讓核電站停止運轉的話，「核垃圾」將進一步增多。我期待着想盡一切辦法使核能發電立即停下來，但作為現實問題，恐怕核電今後仍會繼續增加，「核垃圾」也會變得越來越多。

我們曾經認為：「有電力的話，就會富裕，生活就

會便利。」所以，就越來越多地消耗能源。在日本，曾
經有一個時期，核電佔電力使用的三成。我們使用核
電，只是為了我們的利益。但是，對幾個世紀後的人
們來說，他們從核電中得不到任何利益。他們有的，
只是我們留下的無法處理的危險的核垃圾。可是，這
幾個世紀後的人們卻對我們所做的事情，根本無法表
達不滿。

他們沒有選擇，只能接受我們留下的核垃圾。我
認為，從根本上講，我們怎麼能把自己處理不了的垃
圾強行推給幾個世紀後的人們呢？這本來是當初就不
能被允許的。

科學無法使放射性廢物無毒化

如前面所說，對核電站事故泄漏的銫 -137 和
鍶 -90，至少需要花 300 年時間持續觀察其影響。另一
方面，關於放射性廢物，當然也不可能在 30 年這樣的
「短時間」內處理得了。此外，人類雖然已經花了 70 年
的時間，動用了大量優秀的人才，投入了龐大的費用，
力圖使放射性廢物無毒化，但是，這一目標至今完全
沒有能夠實現。

人類開始核反應爐的運轉，是在第二次世界大戰期間的 1942 年 12 月。當時，美國政府接受愛因斯坦(1879-1955) 等人的建議，認為如果不搶在納粹德國之前製造出原子彈，世界就將毀滅。因此，美國政府決定實施曼哈頓計劃，投入了超過當時日本國家一年財政預算的大量資金，最終使原子彈開發成功。

當時，他們製造的原子彈有兩種。一種是使用自然界只有百分之零點七（佔鈾的總量）的鈾 -235 製造的，這被投向廣島；另一種是用鈈 -239 製造的，也就是投向長崎的那種。自然界中只有極少量的鈈，因此，人們想到了通過核反應爐來製造。

但是，當核反應爐建成時，參與製造的科學家們立即察覺到，他們做了多麼危險的東西啊！

讓核反應爐運轉，就會產生核裂變生成物這種放射性物質。具體地說，鈾本身是放射性物質，而核裂變生成物是更強的放射性物質，讓鈾進行核裂變後，其核輻射的強度會變成鈾本身的 1 億倍。

人們想到，無論如何要把核裂變生成物無毒化，於是就開始了有關無毒化的研究。70 年過去了，花費了巨大的成本，但是，怎樣才能使核裂變生成物實現無毒化呢？人們始終未能找到什麼方法。

　　結果，因為沒有辦法，人們開始想到把核裂變生成物隔離到什麼地方這一「方法」。

　　想埋到深海底，但是，《倫敦條約》這一國際條約禁止把放射性物質投棄到海洋。於是，另一個方案出來了，是想把核裂變生成物埋到南極。可是，這也不行。因為，這受到《南極條約》的禁止。地球上難以處理，那就扔到宇宙空間吧。但是，這一方案也沒能付諸實施。因為，火箭事故頻發，如果核裂變生成物這一極其危險的物質突然從天空中落下來，那又該如何？結果也只好放棄。

小泉純一郎「徹底廢除核電」的建議和 10 萬年的時間

　　結果，只剩下一個方案了，那就是，把產生出的核裂變生成物埋在當事國的地下。

　　芬蘭在歐基洛托島（Olkiluodon）建造了埋藏核裂變生成物的地下設施——安克羅，但必須埋 10 萬年。參觀了這一設施的日本前首相小泉純一郎說：「核電確實行不通。」

　　對小泉的「立即廢除核電」這一主張，核電推進派

總是批判他「不負責任」，但小泉反駁說：「把自己無法處理、需要隔離 10 萬年之久的垃圾留下來，那才是不負責任呢！」

我認為，至少在這個問題上，小泉的主張是正確的。

10 萬年後，究竟人類是否還存在？假設還存在，但那個時候的人類能理解現在的人留下的文字嗎？

如果從現在上溯到 10 萬年前，那時，人類才好不容易剛剛學會狩獵，處於沒有文字尚未定居的小鎮的狀態。

話說回頭，文字的歷史，最多也不過是 5000 年。5000 年前的文字，現在的人們幾乎是無法識別的。如此考慮，10 萬年後，歷史的繼承是不可能的。難道不應該這樣考慮問題嗎？

不管是留下怎樣的印記、標誌，讓 10 萬年後的人們來解讀，這是多麼荒唐無稽的科幻小說也做不到的。

我是在核電研究這個工作崗位上活過來的人，一直把放射性物質必須被隔離 10 萬年，當作現實問題來考慮的。很遺憾，這樣考慮問題的人幾乎沒有。我認為，在思考核電問題的時候，必須把這 10 萬年的時間當作更為重大的問題來思考。

應該放棄埋到地下的方法

過去幾十年，日本也一直在試圖把核裂變生成物埋到地下。但是，一直沒能找到地方。有些地方自治體（管理都、道、府、縣和市、區、町、村的行政機構。相當於地方政府，但在嚴格意義上説，不是政府——譯者）雖然財政狀況極為糟糕，但還是拒絕為核裂變生成物的埋設提供土地。這是當然的事。對一些地方自治體來説，不管能拿到多少錢，也還是不希望在所管轄區的土地下埋設核裂變生成物，這是他們最不能接受的交易。

日本是世界上首屈一指的地震大國。地震時的震源，有時是幾公里深，有時是幾十公里深。按照日本的法律，放射性廢物要埋在地下 300-1000 米的地方。這完全是行不通的！如果地震時地層發生激烈的搖晃，在 300-1000 米深的地方建造的地下設施將會坍塌。隨之，放射性物質將在地下泄漏出來，甚至也會泄漏到地上。

埋在地下設施的放射性廢物，是需要在 10 萬年或者 100 萬年這樣極長極長的時間內嚴格保管的。即使在某一次地震時沒出問題，也不能忽視日本每 100 年

就會發生一次大地震。100 萬年中，日本發生大地震的次數將達到 1 萬次。能夠抵抗住 1 萬次大地震的設施，是人類無論如何都不可能建造出來的。

因為在國內找不到地方，所以有人提議請求蒙古同意到那裏埋設。沙漠無人居住，地基也堅硬。但不管怎麼強調地基堅硬不會出問題，科學也無法預測 10 萬年後，100 萬年後那些地方會是個什麼樣子。很遺憾，10 萬年、100 萬年這樣的時間長度，是超過科學能夠預測的。

話又說回頭，我認為，把那麼危險的東西強行推給別國讓人家接受，這種行為實在是太無恥了！無論如何都想埋的話，東京和大阪等大城市應該提供地方。因為，這些大城市是實際上得到了電力帶來的好處的。

未來的科學也不能消除放射性物質

關於放射性廢物的處理，日本原子力委員會曾向日本學術會議徵求意見。2012 年 9 月 11 日，日本學術會議作出回答：「關於地層處理，先不要有任何結論。一切都要重新考慮。」

我覺得，事情就是如此。

對日本學術會議的結論，我也同意。

但是，對這麼荒唐的計劃，被稱為是「學者的國會」的日本學術會議的那些人，為什麼迄今為止一言未發呢？原因究竟何在？

放射性廢物的處理，是 1942 年 12 月核反應爐建成後一直存在的問題。對此，那些學者們當然知道。可是，一直到福島核電站事故發生前，他們都未就此發言。

我認為，比起普通人來，學者們對「將來科學的進步」期待更高，認為放射性廢物的處理，將來「也許會找到辦法的」。也因此，他們保持緘默。

在很大程度上，科學是靠着「總有一天會有辦法的」這種樂觀態度發展過來的。但是，在放射性廢物如何處理這一問題上，雖然已經歷 70 年的研究，可至今連從何着手都弄不清楚。所以，放射性廢物的處理，是難以逾越的障礙。

當然，將來，科學技術大概會比現在進步一些。但是，我不能肯定地說，人類將會擁有消除放射性物質的力量。

也許，只能在如何保管高濃度放射性廢物這一問題上，找到一些辦法。但是，我敢肯定，想要把包括這

次事故在內的擴散在環境中的放射性物質清除掉，那是不可能的。

所以，事情已經到了這一步，就是——大家只能承受核輻射。而由此帶來的後果，是由對放射性物質的形成和泄漏沒有任何責任的未來的一代代人來承擔。

核電和富裕的生活沒有關聯

我不認為使用很多電力意味着富裕。而從另一方面看，對那些認為不大量使用電力就不會有富裕的生活的人們來說，核電也是不必要的。

現在，即使所有的核電站都停止發電，日本的電力供應也不會有任何問題。

一到夏天，就會有一些宣傳活動，説什麼「因核電站停止運轉，電力不夠，所以要節約用電！」但是，節電是沒有必要的。

在日本，關於正在運轉的核電站、火力發電站、水力發電站，其發電量的數據都是分類公開的。從這些數據可以看出，在日本，只要使火力發電站和水力發電站充分運轉，那麼，不管是何時，不管是怎樣的情況下，所需電力都完全可以得到保證。

說什麼火力發電站的燃料成本高、核電站的成本相對低廉，這是謊言。

幾年前，立命館大學的大島堅一（1967- ）先生使用電力公司的經營數據和有價證券報告這些實際的數據，對各種發電方法下的電力單價進行了計算。其結果是，核電成本最高。

在各種宣傳下，人們似乎覺得，日元貶值引起了石油價格上漲，因此總覺得火力發電成本更高。但是，我要說，如果日本從一開始就沒有搞核電的話，我們所付的電費一定會比現在便宜得多。

應有的視點：超越眼前的利益

停止核能發電的話，現在電力公司擁有的核電站會產生壞賬。而這部分壞賬，終究是必須填補的。這個問題，我認為短期內是存在的。

因此有人會說：「那樣的話，電價會上漲百分之四十。所以，不能停止核能發電。」但我認為，不應該被眼前的問題所束縛，而應該以更為長遠的視點來考慮。

核能發電原本是昂貴的發電方式。如果停止核能發電而轉換為火力和水力，以及天然氣等其他能源的

發電方式的話，基本上，電價一定會變得便宜。

　　而且，更為重要的是，如果繼續搞核電，無法處理的危險的放射性廢物就會積攢得越來越多。對這一點，必須認真地加以考慮。如果核電站事故再度發生，問題就會是這樣的：即使現在賺了錢，那又有什麼意思呢？

　　電費上漲的話，會帶來生活費的增加。對這一份擔心，我是理解的。可是，如果繼續搞核電，情況會是怎樣的呢？我希望更多的人能夠覺察到，核電是本來就不能被允許存在的。

這一百年來發生的最壞的事

　　我認為，人類製造出核能，是這一百年來發生的最壞的事之一。

　　但是，在巴勒斯坦生活的孩子們看來，核電問題顯然是完全無關的。巴勒斯坦的孩子們，幾乎每天都被殺害。

　　在一些孩子們生活的地方，突然會有炸彈投下來。對這些孩子們來說，這一百年來，最重要的事情是什麼呢？最壞的事情又是什麼呢？如果大家這樣問我，

我當然會給出不同的答案。

所以，我認為，只是籠統地要說出什麼是這個時代最壞的事，這恐怕是不可能的。正如我和巴勒斯坦的孩子們意見不同一樣，大家一定都會有不同的意見。在日本的話，大概有人會舉出強加給沖繩的人們的苦難吧！

我認為，即使一個一個的現象各有不同，比如核電、巴勒斯坦問題和沖繩問題，但從我們可以想到的最壞的根源來說，它們難道不是一樣的嗎？

強求別人作出犧牲，而希望只是自己變得富裕。從根本上說，這一點導致了所有「最壞」的事可能發生。有些人能輕鬆地賺錢，有些人卻被迫作出犧牲。「最壞」的事，就是這樣發生的。

遺憾的是，人類生活在極不平等的世界。即使是關於核能，對產生出龐大的放射性垃圾這一問題，並不是全人類都負有責任。儘管應該承擔責任的只是一小撮所謂「發達國家」，但全世界都必須參與收拾殘局。

而且，沒有任何責任的、未來的多少代人，都必須參與收拾殘局。

第三章

科學並不是一定要發揮什麼作用

對我來說,科學是什麼?

我認為,核電事故的發生,是和現代科學的現狀不無關係的。

本來,所謂科學,就是一種單純的好奇心的體現。這種好奇心,就是想知道不知道的東西。這種想知道什麼的心情,是人一生下來就一直存在的。我認為,不管是現在還是將來,人的這種心理是無法抑制的。

從初中一年級開始到高中三年級,我一個勁兒地鑽研地質學。之所以能那麼全身心地投入,無非是因為我有着對未知的好奇心。為什麼這裏會有這樣的石頭?為什麼會形成這樣的山?對這些問題,我只是想知道。因為有這種強烈的欲望,在那幾年裏,我一個

勁兒地埋頭於地質學社團的活動。

　　放假的時候，我就去野外去山裏採集石塊。我把採集來的石塊，擦了又擦，然後把它固定在顯微鏡的支架上。我觀察這個石塊，想弄清楚它到底是什麼礦石。假期中，我每天都這樣忙亂。對我來說，這樣的生活是很愉快的。在高中時代，從一年級開始直到三年級的十二月，為了研究火山，我一直堅持去伊豆大島。本來，這些時間是應該為考大學做準備的。

　　研究地質學，主要是進行實地調查，而不是在實驗室裏做什麼。我的高中時代，日本處於經濟高度增長時期，對每一天都在發生變化的東京，我心生厭惡。對我來說，能離開大城市去到野外實地調查，是非常有魅力的事。

「好孩子」抱有的核電夢想

　　現在看來，如果一直那樣埋頭於地質學的研究，進大學後也學習地質學，並進而成為地質學家的話，是很不錯的。但是，我的人生之路並非那樣。

　　高中時代，我是一個所謂的「好孩子」。

　　地質學的研究，讓我感到快樂。但同時，我也在

想，自己是不是在玩兒？科學研究只靠興趣行嗎？我覺得，不是要做自己喜歡做的事，而是必須做那些對社會起作用的事，那樣才有價值。

正好在那個時候，在我居住的東京，經常舉辦一些有關廣島長崎原子彈爆炸的展覽。這些展覽向人們控訴：原子彈給人類帶來的悲慘是多麼巨大！我也經常去看那些展覽，原子彈的強大力量和它給人類造成的悲慘狀況，強烈地留在我的腦海中。

我發自內心地認為：「絕對不能製造這種東西。」但是，這一想法發生了變化。我覺得，既然威力如此巨大，那麼，如果能和平利用的話，一定會對人類有用。

那個時代，有人通過廣島長崎原子彈爆炸的展覽向人們訴說原子彈爆炸帶來的悲慘，而同時，也有一些勢力在大肆宣傳：「核能只要和平利用，就會起很大作用。」

對於這二者，我同時接受了。我想，既然如此，那我就想走上讓核能為人類起作用的科學研究之路。我形成了一種固定觀念——原子彈投向日本，給大和民族帶來了悲慘，而作為大和民族國民的自己，是有義務讓核能和平利用的，日本是必須站在核能和平利用的最前列的。

現在回想，誘導我那樣思考的宣傳當然是蓄意進行的，而我竟完全被矇騙了。

這讓我對自己產生了強烈的厭惡感。為了讓作出錯誤選擇的自己承擔責任，我一直在反對核電。

我反對核電，不是為了「保護孩子們」，而是因為對受到矇騙的自己不能原諒。就是說，我是為了自己而反核電。

被矇騙的，不只是我一個人。

我估計，那些廣島長崎原子彈爆炸受害者中，也有些人會有如下的想法：「我們的遭遇如此悲慘，但不希望事情就這樣結束，希望盡可能讓核能在將來起作用。」

正因此，廣島長崎原子彈爆炸的受害者們，雖然在為了廢除核武器而走在世界最前列，但同時也在想：如果能讓核的力量為和平而使用的話，我們所受的傷害也會有所減輕。

就這樣，廣島長崎原子彈爆炸的受害者們，對核能發電給予積極的肯定。

結果，這在很大程度上形成了推進核能發電的潮流。

我的「轉變」

對我來說，1970 年 10 月 23 日，是具有決定性意義的日子。一直對核電抱有夢想，相信核電是未來的能源的我，在那天與核電徹底訣別。

1968 年 4 月，我抱着對核電的強烈夢想進入了東北大學工學部，專業是原子核工程學。

起初，我是連一小時也沒有曠過課的認真的學生。但是，在電視上看到 1969 年東京大學安田講堂事件後，我開始思考學問和社會的關係了。自己想搞的核電研究在社會中究竟有何意義？對我來說，這從此成為一個根本的問題。

那個時候，在宮城縣女川町建造核電站的計劃正在研究制定，而對這一計劃，當地居民發起了反對運動。

我本來是出於「想搞核電研究，想建核電站」這一想法而選擇了原子核工程學專業的，但在居民發起了反對建造女川核電站的運動後，我不得不思考：他們為什麼反對？實際上是仙台市在使用電力，但核電站為什麼要建在偏遠的女川呢？此外，在對核電加以專業性學習的過程中，對其安全性也產生了越來越大的

疑問。

　　但是，當我就這些疑問向那些原子核工程學專業的教授請教的時候，他們卻給不了我滿意的答案。大多數教授的態度是：美國的核反應爐廠家說是「安全」的話，那就去建造吧！

　　到了最後，教授竟然說出了這樣的藉口：「我們要養家糊口啊！」

　　我心裏認為，這種以自己的生活為藉口而活下去的人生，是多麼沒有意思！我可不想這樣活着。

　　曾經對核電抱有強烈夢想的我，一百八十度大轉變，我堅信，無論如何，都必須廢除核電。

呼籲人們注意核電危險性的科學家——水戶巖

　　在我覺察到核電的危險性，並開始參與反對建造女川核電站的過程中，受到水戶巖（1933-1986）先生的極大關照。

　　現在，我接受很多團體的邀請，在各地演講，呼籲人們反對核電。但在當時（六十年代末——譯者注），有關核電危險性的科學信息很少，而且幾乎沒有學者願意來為反核電集會演講。

在那樣的情況下，水戶先生在我們舉辦的演講會上演講，告訴居民們核電的真實情況，還為因參加反核電運動而被捕的我的夥伴在法庭上作證（刑事案件）。

當時，水戶先生是東京大學原子核研究所的副教授，專業是放射綫物理學。在舉國上下一起推進核電的形勢下，敢於針鋒相對進行反對的學者實在是少之又少，而水戶先生是其中之一。水戶先生的存在，對我們來說真是太重要了。

水戶先生留下了這樣一句話：「核電是永久的債務。核電是原子彈氫彈時代和工業文明禮讚時代末期裝點門面的恐龍。」

我認為，水戶先生的看法真是戳穿了核電的本質。此外，我還從水戶先生那裏學到了以下這一點。水戶先生認為，被稱為核電站的東西，如果正確表達的話，應該是「給海水加溫的裝置」。

核反應爐是效率很差的蒸汽機，從中產生的能量中，有三分之一被轉換為電力，而另外的三分之二被排入為冷卻核反應爐而引入核電站廠區的海水之中。就是說，在給海水加溫。這對海洋生物來說，無疑是環境破壞。

在切爾諾貝爾核電站事故發生的 1986 年，水戶先

生因登山而遇難，年僅五十三歲。水戶先生不斷發出
關於核電危險性的警告。福島第一核電站事故，可證
明核電的危險。如果現在水戶先生還活着的話，我想，
他一定會仰望天空，悔恨無奈。

不限於核電，水戶先生還是罕見的為人權而奔走
的社會活動家。大多數科學家都強調自己搞的研究是
「探求真理」，而對其他事情一概不願插手。但是，水
戶先生告訴我，那是不行的。

在從事核電研究中，我受教於很多人。但僅有少
數人我稱為恩師，水戶先生是其中一個。水戶先生一
直不忘思考自己從事的科學研究對社會有怎樣的意
義，他是把科學和技術放在未來社會的構想中看待的。
水戶先生不僅決不屈服於權力，而且還是對社會中的
弱者抱有極大善意的人。我一直很想成為水戶先生
那樣對弱者抱有善意的人。我就是這樣走過我的人生
之路。

科學受到時代的限制

不搞科學的人大概會認為，科學，應該是某種公
正中立無色透明的東西。事實上，完全不是那麼回事。

我認為，時代不同，科學的狀況會不同，科學是受制於時代的。

「想知道些什麼」，就連這最初的價值判斷，對大多數科學家來說，也並不是發自於內心，而是由於在那個時代「知道什麼是最重要的」這一點而決定的。

然後，通過科學研究，知道了迄今為止不為人知的事情後，在社會中如何讓這些科學研究的成果發揮作用，就是技術問題了。

比如說核能，愛因斯坦完全是出於自己的興趣而研究的，其結果，是發現了相對論，繼而又知道了質量等同於能量，能消滅質量的話就能得到能量。但是，到了戰爭的時代，從相對論中，最終產生了原子彈。

在那個戰爭年代，科學研究，在世界的必然的潮流中，走向了原子彈的開發。

在那個潮流中，不只是愛因斯坦的研究，包括核裂變研究、中子研究在內的有關原子彈的各種各樣的研究，也都相繼取得了進展。最後，以成熟的技術一下子促成了原子彈的產生。

為了推動核能的發展，究竟要進行怎樣的研究？以此為前提，科學研究有了明確的方向。然後，獲得新知識作為技術加以應用，進而推進核能的開發。

就是説，科學家也是被完全安置在社會潮流之
中的。

就日本來説，有諾貝爾物理學獎獲得者湯川秀樹
（1907-1981）和朝永振一郎（1906-1979）。他們可能會
認為：「自己純粹是在搞研究。」但是，我卻認為，他
們的研究方向的確定，大概是由於在那個時代，「需要
那樣的研究」。

現在的日本處於戰爭時期

就是説，科學這種東西，和人們一般的印象不同，
在相當程度上是受制於社會的。

特別是核科學的研究世界，完全受制於社會，首
先由國家決定其方向。美國決定製造原子彈後，包括
奧本海默（1904-1967）在內，很多科學家都被捲了進
去。當時的情況就是這樣。而日本，當國家決定推進
核科學的研究時，差不多所有的學者都聚集到了那個
潮流之中。

在那樣的潮流中投身於核科學研究的科學家們，
要想脫離那個潮流，幾乎是不可能的。和科學家相比，
軍人處於另一個世界。但是同樣，當戰爭開始後，軍

人是無法脫離軍隊的。

　　有很多人在想，「這場戰爭太愚蠢了」。但是，誰都說不出口。誰敢說，誰就會被殺掉。時代曾經就是那樣。所以，軍人們只好在國家促成的潮流中一個勁兒地向前衝。

　　在日本的對華戰爭、太平洋戰爭中，開始時，日本還驕傲地說什麼「勝了、勝了」，而當戰況越來越不利時，還是不被允許從國家促成的潮流中擺脫出來。所以，什麼都不能說，只好去做，直到最後。

　　在那個環境中，存在着不允許擺脫潮流的強大壓力。

　　觀察這三年中日本的狀況，我覺得現在的日本和戰爭時期極為相似。2011 年 3 月 11 日福島核電站事故發生後，無法從事故中逃走，無法擺脫國家促成的潮流。這就是絕大多數核電專家的狀態。

　　如果你要反對核電，那你就別想活下去。情況就是這樣，現在仍是這樣。

「熊取六人幫」

　　因此，像我這樣四十年來都一直在反核電的人，

是絕對的少數，是異端中的異端。但是，很偶然，在我工作的京都大學原子爐實驗所裏，有幾位科學家和我有相同的想法。由於實驗所的所在地是大阪府泉南郡熊取町這個地方，所以，我們被稱為「熊取六人幫」。

「六人幫」這一說法，總有些蔑稱的味道，所以，有時也被稱為「六人眾」。不過，正確的說法是「六人幫」。海老澤徹（1939- ）、小林圭二（1939-2019）、瀨尾健（1940-1994）、川野真治（1942- ）、今中哲二（1950- ），再加上我，這就是「六人幫」的成員。這其中，瀨尾於 1994 年去世了，海老澤、小林、川野這三人都已退休。剩下的今中和我，也將在未來一、兩年之內退休。就是說，「六人幫」都要離開實驗所。

京都大學原子爐實驗所，是包括物理、化學和生物等各個專業的研究人員的集體，他們本來是和核能沒有關係的。

「六人幫」中，小林和瀨尾早年就讀於京都大學原子核工程學科，可說是最早從事核電研究的人。他們曾對核電抱有強烈的夢想，想着大幹一番事業。今中的專業是核工程學，我的專業是原子核工程學。此外，海老澤是理學部中子物理學專業出身，而川野則是理學部化學專業出身。核能研究橫跨各個領域，而我們

是各個領域的專家，所以能相互分享知識，從整體上把握核能。

　　我們六個人都在研究所工作的時候，每周都聚集一次，交換意見。當時，這是很容易做到的。而現在，大家能聚在一起的機會就很少了。每年一次，我們都會聚集在和歌山縣日高町這個地方，集中時間學習討論。此外，在實驗所舉辦的「核電安全問題討論會」上，我們也會見面。福島核電站事故發生時，如果我們六個人還在一起的話，我想，那不知要有多麼焦躁啊。

　　今中和我，是學生時代就認識了。那個時候，我和他都在參加反核電活動。我和今中是抱着反核電的想法進入實驗所工作的。所以，可說是「明知故犯」。其餘四個人，是進入實驗所工作後，才站到了反核電的立場上的。在愛媛縣宇和郡伊方町的居民們提起訴訟，要求取消伊方核電站建設許可的過程中，我們六個人支援原告，從此被稱為「六人幫」。

　　當時是 1970 年代中期，在中國，因「文化大革命」的失敗，推進文革的「四人幫」被認為是再壞不過的人。而我們六個人，是在京都大學這個國立大學中對國家推進的產業進行抵抗。所以，我們也被一些人認為是「壞人」，模仿「四人幫」的說法，叫我們「六人幫」。

當然，我們自己完全不認為自己做的事有什麼不好。六個人中，也有人討厭這一說法，認為：「我們思想和信念都不相同，把我們混在一起算什麼呢？」不過，我自己完全無所謂，不管被指責為多麼壞的人，我都下決心把自己想做的事一直做下去。我想：「想那樣叫，那就叫吧！」

前面我提到「很偶然，在我工作的京都大學原子爐實驗所裏，有和我想法相同的科學家……」，但實際上，我們這六個人是有共通點的。雖然，我們的所學專業各不相同。我們六個人都認為，自己所研究的學問對社會有怎樣的意義，這一點是任何時候都不能忘記的。我們就是這樣的人。

海老澤、小林、瀨尾、川野，他們四個人是 1960 年在大學經歷過安保鬥爭的夥伴。川野喜歡踢足球，我覺得他似乎對政治並不關心。不過，這四個人，都多多少少參與了 1960 年的安保鬥爭，是受馬克思主義影響的一代人。我和今中，雖然從來不曾屬於任何黨派和組織，但我們是經歷了 1970 年安保鬥爭那一代的人。

「六人幫」中，既沒有早於海老澤那一代的人，也沒有位於海老澤與我和今中兩代中間的人。我認為，

這絕非偶然。

　　搞科學和技術的人，很容易把自己限制在自己的專業內。但是，我們「六人幫」，是經歷了安保鬥爭和學生運動的人，因此，很幸運，面對學問和社會的關係，我們敢於懷疑：「科學是不是被政治和意識形態所利用，朝着壞的方向發展呢？」我認為，這件事，在某種意義上，也是受制於社會的。

真正的科學家是怎樣的人？
——來自宮澤賢治的教導

　　我在東北大學讀書的時候，參加了反對女川核電站建設的運動。那時，我身旁放着宮澤賢治（1896-1933）的書。通過閱讀宮澤賢治的《古斯科布多利的傳記》等書，我明白了科學家的應有姿態，也明白了科學給人們帶來幸福的事。

　　我認為，科學家應該問心無愧地從事研究，科學家應該為人類的幸福做出貢獻而活着。科學家不應該為了自身的名譽和金錢而活着。但是，很遺憾，在當今世界，為名譽和金錢而活着的科學家佔據主流地位。我發自內心地想，幸好有宮澤賢治。

在《古斯科布多利的傳記》這篇童話中，為了眾多人的利益，主人公自願獻出自己的生命。確實，作為自身的意願，像這篇童話的主人公那樣，選擇獻出生命這一做法，是有可能的。

但是，我不認為自我犧牲是崇高的。作為我自己，我認為最好還是按照自己的活法活下去。把自我犧牲視為一種崇高，強制他人作出犧牲，這是不能允許的。科學，當然不應該要求別人作出犧牲，給別人帶來不幸。

因為宮澤賢治的詩《不要輸給風雨》給人們以太強烈的印象，所以，大概很多人認為他是強調自我犧牲的人。但我覺得，賢治可能是和我一樣的人。

科學可以不起作用

現在，一提到某種科學，人們總是會問：「這種科學有什麼用呢？」但我認為，科學原本是和「有用」無關的。

「月亮究竟是什麼？」

「星座是如何運行的？」

很多科學家是因為對這些不可思議的現象抱有求知欲好奇心，因而有了很多科學大發現的。

如果説科學是來自對未知的好奇心的話，我在高中三年級時的想法可以説是錯誤的。那時我認為：「不能起作用，就沒有價值。」

事實上，也有科學家選擇不起作用的研究領域。

我認識的人中，有槌田敦（1933- ）和槌田劭（1935- ）這樣非常優秀的兄弟倆，而他們的父親槌田龍太郎（1903-1962）是更了不起的人。儘管龍太郎是非常優秀的科學家，但當戰爭發生時，他作出判斷──「自己要做對社會毫無用處的事情」，從而開始了在配位化學這個領域的研究。

當我知道槌田龍太郎先生的這一事迹時，真感到自己是多麼愚蠢。那時我是高中三年級的學生，我想：「地質學沒什麼用，所以我不學它。」

現在，科學已經變成了賺錢的工具。不能賺錢的科學，大學也不去研究了。本來，對科學來説，賺不賺錢，是沒有關係的。何況，為了製造新型武器而利用科學，這更是不能允許的。

核電黑社會

在被我稱為「核電黑社會」的這一巨大的權力組織

中，包括一些聚集於核電產業的學者。

　　日本有「原子力學會」，另有「原子力委員會」這一政府屬下的委員會，此外還有曾經叫做「原子力安全委員會」而現在則稱為「原子力規制委員會」的組織。這些學者組成的組織，全都合為一體，共同推動核電產業的擴大。以前，我也曾經加入「日本原子力學會」。但是，在關西電力公司的副總經理就任副會長後，我退出了學會。

　　學會應該是搞學問的組織，電力公司的高級管理人員怎麼能當會長呢？我覺得，這件事倒也實在是準確地反映了「原子力學會」的本質。既然如此，我是不能和他們一起搞研究的。

　　我退出學會後，發生了下面這樣一件事。「原子力學會」的核心人物更田豐次郎在學會雜誌上指名道姓地對我個人加以批判，其內容是：「核電站事故根本就不會發生，但小出這個傢伙不停地叫喊：要發生事故，要發生事故。」對這一批判，我寫了反駁的文章，寄給學會雜誌的編輯，希望他們能刊登出來。

　　可是，這些編輯卻說：「那篇文章是學會的上層人士寫的，所以登了出來。你的反駁文章，不能刊登。如果是『讀者來信』的小欄目的話，你可以寫。」

　　對此，我回答說，受到指名道姓的批判，你們有責任鄭重刊出分量相當的反駁文章。不過，最後，我還是只好在「讀者來信」的小欄目寫了短文。

　　就是說，說是學會，但不過是名目而已，實際上已變成了宣傳核電安全的地方。我關於核電的呼籲，一直被他們無視。當然，如果我是一個叫着「狼來了，狼來了」的孩子的話，那倒也好了。但問題是，福島的事故，終於發生了。

應該立即停止有關核電的學術研究

　　福島核電站事故發生後，當時擔任「日本原子力學會」會長的東京大學教授田中知和屋本彰同我聯繫，說是「想就今後的核電技術聽聽意見」。

　　在廣泛地交換意見後，他們問我：「你覺得，有關核電的研究，今後該怎麼辦？」

　　我回答說：「力圖推進核電產業擴大的所謂學術研究，應該立即停止。」

　　同時，我也告訴他們如下的想法：「你們一直在從事的所謂學術研究，必須立即停止。不過，由於核電產業擴大到了如此的規模，因而產生了無法處理的數

量極為龐大的放射性物質，而且，還必須拆除已成為放射性物質堆積物的核電站。為此，怎麼都需要相關的研究。所以，有關放射性廢物處理的研究，今後還是需要的。但是，年輕人會不會從事這方面的研究，我說不準。」

即使福島核電站事故不發生，想搞核電研究的年輕人也在減少。事實上，雖然有些大學設有「核工程學」的學部學科，但這樣的大學正在減少。主攻原子力的學生人數也在急劇下降。

在我想搞核電這一學問的年代，核電是帶來光明未來的夢想，很多優秀的學生都走上了研究核電這一道路。

但現在，有誰會認為核電會帶來光明的未來呢？

我想，不會有人願意研究那些沒有前途的學問，這是當然的。

從另一個角度看，製造出核能發電這一「負」的遺產的，是我們這些大人，今後成長的年輕一代沒有任何責任。他們沒有做錯任何事情，卻要求他們以一生的代價收拾我們留下的殘局，這樣的想法，也未免太一相情願了吧！

儘管如此，為了能以危險性多多少少低一些的狀

態來處理放射性廢物，無論如何，還是需要年輕一代
掌握這方面的技術。當然，這是很對不起年輕人的。

如果還有一次人生，我將研究拆除核反應爐的技術

死了，就完了。我是這樣想的。

墳墓不要，骨頭什麼的，扔到水溝裏就算了。

但是，如果自己真還能再有一次人生，我也想為
處理帶有核輻射的垃圾再活一次。

我是曾經對核電抱有幻想，並投身到核電研究這
一世界的人。為了承擔自己作出愚蠢選擇的責任，
四十年來，我一直在抵抗核電，但還是沒能阻止核電
產業的擴大。

作為抱有夢想而投身於核電世界的人，我對現在
的狀況無法容忍。現在的狀況是，由於核電站增加到
如此的規模，在自己活着的時候，核垃圾是怎麼都無
法處理掉的，所以，只好留給子孫們。

實際上，我在京都大學原子爐實驗所所做的工作，
基本上都是有關核垃圾的研究。

我所屬的組織，是研究如何處理帶有核輻射垃圾

的技術，我們的研究領域稱為「放射性廢棄物安全管理工程學研究」。從根本上說，為了讓原子爐實驗所這一組織能夠存在，廢物處理是絕對重要的工作。也因此，我一直是以一種自豪的心情在工作。但是，我今年已經 64 歲了，要想開發安全處理帶有核輻射垃圾的技術，已經來不及了。

培養年輕一代的技術人員這一心情，以前有，現在也有。但是，現在集中所有精力想讓核電站的運轉停下來，這已經讓我忙得不可開交。沒有精力去培養年輕一代的技術人員了。

而且，如果讓年輕人成為我的合作夥伴，那他們的人生就會是不得不和「核電村」(核電既得利益集團這一勢力——譯者注) 作鬥爭的人生。作為從事核電方面研究的人，這會是非常嚴酷的處境。因此，我不能強求年輕人作這樣的選擇。

我並不要求他人與我一起做我正在做的事。他們是他們，他們有他們的活法，那完全是可以的。我希望他們在自己的人生中能考慮：自己怎麼辦？

我痛切地感到，如果還能再有一次人生的話，我將以自己承擔責任這一方式，處理帶有核輻射的垃圾。

第四章
善良的心存在於投向沉默領域的目光中

我們的「責任」

福島核電站事故的發生，使這個世界翻了個樣。

在我迄今為止工作的四十年中，對自己負責管理的「放射綫管理區域」，我是儘量保持着清潔狀態的。即使是在地板上和衣而臥，我也一直要求自己不要把工作服弄髒，實際上也做到了（這裏的「清潔」、「不要弄髒」，是指「避免被放射性物質污染」之意——譯者）。但是，在現在的東北和關東的大片區域，大地本身已被污染，其污染程度超過了必須制定為「放射綫管理區域」的標準。

然而，現實情況是，包括嬰兒在內，人們在那裏生活。

　　如果福島的人們不想遭受核輻射，特別是不想讓孩子遭受核輻射的話，就乾脆逃到我管理的「放射綫管理區域」裏來吧。我有時就是這樣想，因為核污染已是如此嚴重。

　　我們只能在污染的土地上活下去，別無選擇。作為未能阻止這一事態發生的大人，今後將如何活下去？對此，我們必須思考。

　　相信未來的孩子們一定會問：「福島核電站事故發生後，你們是怎麼活過來的？」正如我們問那些曾經生活在戰爭年代的人們：「在那樣的年代，你是怎麼活過來的？」我認為，把「國家和電力公司」稱為「犯罪者」最為恰當。

　　不過，我們每個人也都負有責任。

　　在戰爭年代，絕大部分人不對戰爭表示反對，老老實實地順從國家，成為了國家的協助者。今天，我們接受了國家推動的核電，我們與戰爭年代的人們相同，成為了國家的協助者。

　　因戰爭中自己的所作所為感到恥辱，背負着這一沉重的包袱活下來的人，大概是有的吧？我認為，我們也不能忘記對國家推動核電不予抵抗的責任。

　　確實，「國民被欺騙」這樣的社會結構是存在的。

但是，我們不能以「自己也是上當受騙了，沒辦法」這樣的說法來辯解。事情不能這樣結束。我認為，上當受騙的人，也應該負起相應的責任。

核電站建立在讓他人作出犧牲的基礎上

2011 年 3 月福島核電站事故發生後，我馬上就得到了不少相關的消息。我當時恍如在夢中，心裏想：「無法相信這樣的事故確實發生了。」

那段日子，我一直「在內心祈求那是一場夢」。但是，非常擔心的核電站的毀滅性事故，最終還是發生了。本來，如果是核電專家的話，對那樣的事故，誰都會預測到的。

核電站裏有龐大數量的放射性物質，如果擴散到外部，那就不得了了。這樣的情況，不只是四十年來一直反核電的我，只要是核電專家，即使是核電推進派的人，當然也是清楚的。

但是，他們卻沒有作出「因此，就應該放棄核電」這樣的選擇，而是作了如下的判斷：「核電確實危險。但是，嚴重事故是很少發生的，所以，可以吧。」推動核電產業擴大的，是我近來稱之為「核電黑社會」的巨

大的權力集團。

很遺憾，在那個巨大的權力集團看來，我個人的力量完全是沒有意義的。結果，我沒能讓核電的擴展和運行停下來。終於，福島第一核電站事故發生了。

承認核電是危險的，但還是要利用。我覺得，可以有這樣的選擇。但是，這種情況下，承擔危險的應該是作出選擇的那些人，而不是強制讓他人承擔危險。後者，是不能允許的。

有些人想要得到電力，這我可以理解。這種情況下，想要得到電力的人應該自己承擔風險。但是，他們作出的選擇卻是，我們只要電力，風險推給他人承擔。而且，還裝出一副什麼都不知道的面孔。

結果，核電站不是建在大量用電的東京和大阪這些大城市，而是建在並不享受電力帶來利益的人口稀少的地方。這樣，福島的人們就被犧牲了。如哲學家高橋哲哉（1956-　）在《犧牲的制度：福島·沖繩》一書中所說，現狀確實只能說是「犧牲的制度」。

遭受核輻射的工人並不享受電力帶來的利益

遭受核輻射的勞動，也是一樣的。

　　如果在核電站工作的工人自己覺得核電確實好，因此在那裏工作的話，我會想，「那你們就那樣工作吧」。但是，實際情況並非如此。

　　在作業現場遭受核輻射的，不是電力公司的職員，很多是承包的工人。他們從核電中享受不到好處。

　　作業時遭受核輻射，一般很少被人提及。但我覺得，在作業現場，工人們肯定是受到相當強的核輻射的。聽說，有的工人為了避免準確測量出核輻射的數值而在測量儀器上包了鉛。他們之所以這樣做，從根本上說，是因為不這樣做的話，馬上就會達到規定的受核輻射的上限。而達到上限的話，就不讓他們繼續作業了。

　　但是，我認為，最為根本的是，工人們害怕一旦核輻射達到上限，就不能繼續工作，而且會被解雇。對這些工人來說，活下去真是無比困難，所以就一邊遭受核輻射，一邊自我欺騙。我覺得，他們的工作狀態一定是這樣。

擺脫競爭

　　我認為，人們所希望的，絕非是特別難以得到的。

　　並不是一定要成為億萬富翁。大體上是，早上起來，和家人在一起，然後去做能讓自己感到有人生意義的工作，這樣地活着，培養孩子，然後死去。人生，僅僅如此。我認為，實際上，幾乎所有的人都是這樣活過來的。

　　因福島核電站事故而受害的人們，本來也是這樣過着很普通的幸福生活，但有一天，生活突然被連根拔起，失去了一切。我覺得，他們也一定是因此覺察到了迄今為止活過來的每一天是多麼幸福，雖然，那樣的日子或許也可稱為是平凡的生活。如果不是哪天有災難落到自己的頭上，我們誰都不會覺察到自己的幸福。

　　每個人都能度過平凡而只屬自己的幸福日子，而且，大家都按照自己的個性活下去。但是，僅僅這樣的要求，在當今世界都很難實現。為什麼會這樣呢？根本原因是，只想着「自己過得自由自在」這樣的想法在橫行。

　　「我是了不起的人！」

　　「我們國家是了不起的國家！」

　　就這樣，一個勁兒競爭，並企圖把對方打垮。人們都認為，不在競爭中取勝就不行。

而我覺得，這樣的競爭，應該停下來。

現在，世界上的人口有 70 億，其中的 11 億處於絕對貧困狀態，8 億面臨飢餓。這樣的世界，是不應該出現的。本來，就是現在這樣的情況，如果把世界上的財富公平分配的話，70 億人都可以富裕地生活，並走完人生。

現在日本的平均壽命差不多有 90 歲，但很多高齡者是被捆縛在病床上，靠着高端醫療科技維持生命。

可是，在這個世界上，有些地方的人平均壽命 30 歲或 40 歲，還有幼兒因營養失調而死去。

即使是像美國那樣的「這個世界只有我們可以想做什麼就做什麼」的國家，也存在着驚人的貧富差距。在美國，貧困階層的人們不得不進入軍隊，結果在身體上和精神上都出現了疾患，才離開軍隊。他們有些人，甚至會失去性命。

這種不平等為什麼會出現呢？

我認為，這和核電是完全相同的情況。只希望自己過得舒服，而把危險的事和不願意做的事，都推給他人。而且，口口聲聲說什麼要富裕，要發展，但實際上一些人被強迫做危險的事和不願做的事，生活遭到破壞，也無人理睬。

學習松下龍一先生的「黑暗的思想」

我很喜歡松下龍一（1937-2004）這個作家，對他提倡的「黑暗的思想」有着強烈的共鳴。

1972 年，松下先生把題為「黑暗的思想」的短文寄給了報紙。當時，他正在參加反對建設豐前火力發電站的運動。周圍的一些人說什麼：「享受着電力帶來的便利，卻又反對發電站的建設。這算什麼？」「誰反對，就不給他的家送電。」對於這些帶有情緒的批判，松下先生寫了那篇文章加以反駁。部分內容如下：

「因為是支撐着全體國民的電力需求，所以，一部分地區的居民即使遭受一些損失，也只好忍耐。」這種「令人顫慄的邏輯」產生了。但我想說，從根本上說，如果是不損害一部分人的健康就不能成立的文明生活的話，那就必須懷疑那種文明生活的合理性。

這樣說，肯定會有人反駁：「你是讓我們回到 250 年前的江戶時代嗎？」這是一定會出現的就事論事的反駁。既然生活在現代，我是不主張全面否定電力的。全面否定電力，是一種極端的想法。應該考慮的是，在現有電力的基礎上，能夠有怎樣的文明生活。

松下先生反對的是火力發電站，但核電也是完全

在「令人顫慄的邏輯」下運轉的。

前面說過，即使讓核電全部停下來，日本也不會有電力不足的情況。

但是，最重要的，不是電力夠不夠的問題。從根本上說，對諸如不犧牲一部分人的利益就不能成立的事情，是不能去做的。對此，我們必須更清楚地意識到。

即使是在黑暗中生活，我也覺得比使用核電要好得多。我認為，是松下先生的教導，讓我有了如此透徹的想法。

何謂善良地活着

松下先生是以《豆腐匠的四季》這一作品而為人所知。該書是寫他作為豆腐匠辛勤勞作的同時，盡全力度過每一天的情景。但是，松下先生並不是只具有純粹感性的好青年。他反對周防灘綜合開發計劃，也投身於反對豐前火力發電站的鬥爭中，並寫下了《風成的女人們》這本書，在日本首次確立了環境權訴訟這一新概念。

再往後，松下先生和東亞反日武裝戰綫的人們相

識，寫下了《看那狼煙》這部作品。松下先生就是如此接二連三地寫下關於社會問題的作品。

儘管如此，松下先生基本的活法，是完全沒有改變的。

松下先生以他樸素的善良告訴人們，他不想把自己的富裕生活建立在犧牲他人之上。比如，在關於豐前火力發電站的問題上，他不過是說了下面這句話而已——如果是因為建設了不需要的發電站而破壞了那個地區的人們的生活的話，自己寧可在黑暗中生活。

松下先生是「善良」的，他的這一本質始終如一。但是，他對善良的進一步追求，讓他一步步成了市民之敵。本來，他是以「模範青年」這一形象被社會所接納的人。

想到松下先生的事迹，我總會想起美國作家雷蒙德‧錢德勒（1888-1959）寫的一段話。小說《重播》（*Playback*）是他的遺作，其中寫道：「不堅強就無法活下去，不善良就沒有活着的價值。」

那麼，所謂「活着的價值」，所謂「善良」，究竟是怎樣的情況呢？對此，我一直在撫心自問。

如果有人說「我們都善良一些吧」，我想，誰都會點頭同意：「是啊！應該善良一些！」但是，我認為，

強迫他人作出犧牲的善良，是虛假的善良。比如，關於核電，有人說：「電力緊張引致停電的話，醫院的患者怎麼辦呢？所以，核電是需要的。」可是，這一邏輯是建立在犧牲未來無數代人的基礎上的。未來的人類，差不多可以說將永遠遭受放射性物質垃圾所帶來的痛苦。

　　我說松下先生的善良的是樸素的，是因為他決不把自己的想法強加給他人。

　　松下先生投身於一些市民運動，但他沒有對別人說：「一起鬥爭吧！」他身體孱弱，而且很貧困，這有著作——《無底的貧窮生活》為證。但是，他卻一貫堅持「盡一切可能善良地生活」這一人生準則，很平靜地做自己要做的事。松下先生就是這樣的人。我認為，這是松下先生為人處世的最突出的特徵，也是他人格中最強大的部分。

　　我非常欣賞松下先生的品格。在福島核電站事故發生後，我把松下先生的品格銘記在心，決心按照自己的活法活下去。

日本國憲法的序言

　　不強迫他人作出犧牲，每一個人都能按照自己的活法活下去，而且大家分享幸福。這樣的世界，怎麼才能實現呢？我認為，答案也許就在日本國憲法的序言裏。

　　　　日本國民決心通過正式選出的國會中的代表而行動，為了我們和我們的子孫，確保與各國人民合作而取得的成果和自由帶給我們全國的恩惠，消除因政府的行為而再次發生的戰禍，茲宣布主權屬國民，並制定本憲法。國政源於國民的嚴肅信托，其權威來自國民，其權力由國民的代表行使，其福利由國民享受。這是人類普遍的原理，本憲法即以此原理為根據。凡與此相反的一切憲法、法令和詔敕，我們均將排除之。

　　　　日本國民期望持久的和平，深知支配人類相互關係的崇高理想，信賴愛好和平的各國人民的公正與信義，決心保持我們的安全與生存。我們希望在努力維護和平，從地球上永遠消滅專制與隸屬、壓迫與偏見的國際社會中，佔有光榮的地

位。我們確認，全世界人民都同等具有免於恐怖
和貧困並在和平中生存的權利。

　　我們相信，任何國家都不得只顧本國而不顧
他國，政治道德的法則是普遍的法則，遵守這一
法則是維持本國主權並欲同他國建立對等關係的
各國的責任。

　　日本國民以國家的名譽發誓，盡全力實現這
一崇高的理想，達到這一崇高的目的。[1]

這段文字，寫得真好！雖然有人說，日本國憲法是外
國強加給日本國民的，但是，怎麼能因此拒絕這一憲
法呢？相反，我們應該為自己沒能寫出這麼好的憲法
而感到羞恥。

核電與憲法第九條

　　2015 年是二戰結束第 70 年。但是，子孫們將來

1　　譯者注：引自維基文庫（https://zh.wikisource.org/zh-hant/%E6%97%
　　A5%E6%9C%AC%E5%9C%8B%E6%86%B2%E6%B3%95）。「日本國
　　民以國家的名譽發誓，盡全力實現這一崇高的理想，達到這一崇高的目
　　的。」譯者譯。

也許不是以「戰後」，而是以「戰前」談起這一年。

安倍政權在下大力氣推進核電，這是和修改憲法合為一體的。

核電等於軍事。

核電，本來就是作為戰爭的工具而產生的。1950年代，美蘇冷戰激化後，在核武器開發競爭中，製造了相當數量的導彈。後來，冷戰結束，沒有理由大量生產導彈了，但在核能的和平利用這一名目下，「核生意」被保留了下來。通過核電，錢流向了兵器產業的聯合大企業。這一資金流通體系，一直持續至今。

我的專業是核電，按道理，是不應該對憲法加以評論的。但是，反核電而只是說核電危險是不夠的，我自然覺察到核電和核武器是合為一體的。

那麼，當思考怎樣才能解決這一問題的時候，作為活在日本的人，當然會想到憲法第九條。

「放棄一切戰爭。」

「不保留軍隊。」

除此之外，不可能有任何解釋。憲法第九條寫得這麼清楚的條文相關聯，我不得不思考：核電究竟意味着什麼。

我的徹底的個人主義

我是一個徹底的個人主義者。

迄今為止的人生，我一直是完全的無黨派無宗教，也就是說，不和任何人混在一起，也不依靠任何人。

我也不讓孩子們叫我爸爸，而是讓他們叫我的名字——章。因為，我認為，即使是父子關係，都是相互獨立存在的個人，相互處於對等關係。

關於孩子們的名字，也因為不想加入我們作為父母會產生的一些想法和期待，所以給三個孩子起的名字分別是「太郎」、「次郎」、「三四郎」。不給他們任何負擔，而完全是保持一張白紙的狀態，自己選擇其人生。

雖然我以前就明白，人終究會在某個時候死去，但次郎的死，還是讓我再次感到，人的命運是多麼無情多麼不公平。同時，我也更清楚地知道，作為不可抗拒的事實，死，總是與生並存。

從那以後，對我來說，死變得完全無足輕重。

既然不知道將死於何時何地，那麼，重要的，就只有現在這一瞬間，以及在這一瞬間如何活這一點。人生僅有一次，別人怎麼看怎麼想，和我沒有任何關係。

　　我強調要重視作為個人的自己，但這並不是說，只有自己是重要的。作為個人，其他人也同樣重要，每個人都很重要。如果人能擁有感情並把像松下龍一先生那樣的善良之心推廣開來，社會也會變得更好吧！

　　很遺憾，現在的日本社會完全不是這樣。

　　我想，不競爭就無法生存的時代，過去有過，而且現在世界上的一些地方依然如此。但是，在當今日本，我認為不競爭就無法生存的情況並不存在。

　　因此，人們各自做自己想做的事，然後互相分享就可以了。

相互直呼其名的關係

　　下面的文章，是我把自己的感慨整理而成的。

　　無論是從身體上看，還是從精神上看，在任何意義上，人都是在擁有多樣的個性這一前提下出生的。而且，重要的是如下的事實：多樣的個性，不是生下來的孩子們自己選擇的，而是被先天賦予的，對此，孩子們沒有絲毫的責任。

　　我現在和妻子，以及兩個孩子一起生活。兩個孩子的名字分別是太郎和三四郎。在太郎和三四郎之

間，本來還有一個孩子，他叫次郎。但是，背負着先天性殘疾而出生的次郎，在經過六個月拼命的掙扎後死去了。因此，我痛感人的命運是多麼的無情和多麼的不公。

　　除了作為形成個體的重要因素的個性之外，還有一些重要的問題，也並不是孩子自身的選擇。比如，「父母」就是孩子無法選擇的。孩子並不是選擇「父母」後出生，對孩子來說，毫無疑問，「父母」是被先驗性地賦予的。有的孩子出生在富裕的家庭，有的孩子出生在貧窮的家庭，有的孩子的父母善良溫柔，有的孩子的父母苛刻嚴厲。此外，還有些孩子出生在富庶繁華的國度，而有些孩子出生在受飢餓之苦的國家。另外，還有些孩子沒有父母。在現實社會，孩子們一生的命運，在很大程度上，一出生就決定了。因為，他們無從選擇自己的父母。還在太郎很小的時候，我有時給他十顆甜納豆。太郎吃着那些甜納豆，我則在一旁看着。我無意中發現，太郎一直沒有把最後一顆甜納豆吃下去。細細觀察，才知道太郎是把那顆甜納豆含到嘴裏然後又吐了出來，反覆不已。看着那顆光溜溜的甜納豆，我忍不住笑了出來。我突然感到，既然太郎這麼喜歡甜納豆，那為什麼不再多給他一些呢？給

多少都可以啊！但是，我也想到，出生在那些飽受飢餓的國家的孩子們，估計一次都沒有吃過甜納豆，而且，其他的食物，也不是總能想吃多少就吃多少。就在現在這一瞬間，也有孩子們正好死去。可是，出生在蔓延着飢餓的國家的孩子們，究竟有什麼罪過呢？他們的命運，怎麼如此殘酷呢？

現在，包括日本在內，世界各國都變成了競爭異常激烈的社會。我認為，造成如此異常情況的最大原因，是「父母」狹窄的視野。無數的「父母」，都希望自家的孩子過上好的生活。既然孩子們無法選擇自己的「父母」，那麼，社會就應該保障所有的孩子有公平地發展個性的機會。我發自內心地希望，有一天，世界能變成這樣。現在，我和妻子、太郎、三四郎一起生活，我們脫離了父子、母子、兄弟這樣的關係，互相直呼其名。

研究室的文化史年表

我雖然強調自己是一個徹底的個人主義者，但人畢竟具有社會屬性，一個人是無法活下去的。而且，這裏說的社會屬性，也不是僅僅指我們現在生活於其

中的社會或者當今整個世界，而是說，一切都流淌在歷史的長河中。據說，人類誕生於 700 萬年前。迄今為止，累計有幾千億人出生，然後又死去。人類，就是這樣在歷史長河中一代一代傳承着生命的火種。

任何人都不可能與歷史無緣。時間是一個縱軸，沿着這個縱軸，歷史的長河在流淌。此外，在橫向的坐標軸上，存在着當今的世界。我們每一個人，都存在於縱橫交匯的現在這一點上。不管是縱向還是橫向，如果這一點發生錯位，我就不可能如現在的我一樣生存。

現在，在地球上，有 70 億人活着。我能活在這個地球上，是因為我處在縱橫交匯的一個點上。對我來說，這個點是唯一的，不可替代的。我覺得，如果放棄生活在這個點上，那真是莫大的損失。

關於這一問題，我認為有必要對歷史和世界加以思考。

在我的研究室裏，貼着一張文化史年表。之所以貼着這張文化史年表，是因為我想思考自己處於怎樣的歷史位置。

縱向時間的流淌和橫向世界的擴展，自己存在於這二者交匯的一個點上。在思考自己怎樣活下去的時

候，如果不知道歷史的道路是怎樣的，那就不明白自己活着的意義。

如果不了解橫向世界的擴展的話，就不能明白自己活在怎樣的位置。所以，必須弄清楚橫向世界的擴展。否則，只是剎那間空虛地活着而已。

了解時間的流淌和世界的擴展，並在此基礎上，意識到自己是獨特的，不可替代的一個我。我認為，人就是應該作為這樣的「我」而活下去。

田中正造這個奇人

我敬愛的人中，有一位是田中正造（1841-1913）。

在我的研究室裏，貼着正造的相片。相片是櫪木縣的「田中正造大學」給我的。提倡地方自治的田中正造大學，是為了學習田中正造的思想和所作所為而設立的。

為了弄清和解決足尾礦毒事件，田中正造不屈不撓地鬥爭。我認為，田中正造有數不清的方面值得學習，但最根本的，是他一貫堅持僅屬他自己的活法這一點。

正造是名門望族出身，他自己後來也取得了很大

的成就，成了名人，不僅當了櫪木縣議會的議員，還當
了縣議會的議長。而且，他還是第一屆帝國議會的議
員。這樣看，正造可謂是精英中的精英。

　　如果正造滿足於在既有的環境中度過人生的話，
他一定是活得自由自在。但是，正造沒有選擇那樣的
活法。對他來說，別人給予的東西沒有意義。比如，
名譽呀地位呀金錢呀，這些東西並不是他發自內心想
要的。

　　正造不僅放棄了自己的財產，也放棄了國會議員
的地位，甚至連家庭都拋棄了。

　　最後，他差不多是流離失所，死於荒野。

　　正造去世的幾天前，想給妻子寫封信，但卻想不
起妻子的名字。只能說，正造是個奇人。

　　我是有正式工作的職員，領着工資，而且想說什
麼就說什麼。和正造相比，我的境遇確實是不錯的。

　　田中正造已經死去一百年了。

　　臨終時，面對前來看望他的不少人，正造說：「你
們今天來看我，擔心我，但是我一點兒都不高興。」

　　接着，正造說：「我個人的事，無所謂。你們要想
想我做了什麼！」說完這句話，正造死去了。

　　他在人生的最後想說的是，個人的死無足輕重，

重要的是要認識真正存在的問題。對正造這樣的活法，
我真是從內心感到共鳴。

如果沒有正造，我也許會處於絕望狀態。想到
一百多年前那個時代曾有正造這個人，我覺得現在當
然可以活下去。

我們能夠選擇

「我活着」這一事實，並非我自己選擇的結果。

自己的父母，日本這個國家，都不是我選擇的
結果。

我生於 1949 年 8 月 29 日。那一天，也不是我選
擇的結果。

但是，在現在我活着的這一瞬間、這一刻，卻是
可以負責任地做出選擇的。

我認為，對自己的人生，應該自己負責任。但是，
在我看來，大部分人似乎放棄了本來可以負責任地選
擇人生。

另外，將來，比如說 100 年後的孩子們，對我們
這一瞬間進行的選擇無法表達其不滿。

我們愚蠢的選擇，只是給他們留下難以處理的危

險的垃圾。我們留下的東西，他們只好接受。他們，從核電中享受不到任何好處。

對類似 100 年後的孩子們，我們在強加給他們某些東西。我認為，這一做法本身就是極為奇怪的。在這個意義上，我認為，核電是最差勁的東西。因此，我擔心 100 年後的孩子們，同時，更不能對在現在這一瞬間作出選擇（指未能阻止日本核電產業的擴大——譯者）的自己加以容忍。

談起選擇，我個人曾經對核電抱有夢想，現在覺得非常悔恨，實在是做了愚蠢的選擇。為什麼說是愚蠢呢？因為，對自己的選擇，自己負不了責任。

對過去曾作出愚蠢選擇的自己，我有責任承擔後果。所以，從自己的處境考慮，我想盡一己的責任。

我已經說過，我是徹底的個人主義者，我不能和別人一起幹什麼，也當不了市民運動的領袖。

福島核電站事故發生後，我有處理不完的事。我的想法是，對這些事情，我一一發表自己的見解，而大家又能夠對我的見解作出各自的理解的話，這就可以了。

活在現在的日本之幸運

我覺得，我活在現在的日本，是非常幸運的。

比如，我們現在活在日本，而日本這個國家，70年前在進行戰爭。如果我活在那個時代，我能否和現在有個相同的活法，我是不知道的。

即使想反對戰爭，但能不能如同現在的我反對核電一樣進行活動呢？估計是做不到的。即使僅僅是有關反戰的發言，在那個時代，估計會和其他聲明反戰的人士一樣被國家殺掉。會遭受嚴刑拷打，指甲被一塊一塊剝掉，手指被一個一個壓碎。對這樣的嚴刑，究竟能否挺過去，說實在的，自己並不清楚。

或者，即使不被國家殺掉，我想也會被周圍的人害死。而且，不只是我，家人也將承受相同的命運。

作為一個單獨的個人，如果想堅持自己的活法，就會被殺掉。那樣的時代，曾經有過。

就日本而言，現在可以說，「過去，曾經是那樣的時代」。而在當今世界的其他地方，上述情況肯定還在發生。我覺得，在一般人看來是一些另類的人物，以及敢於和國家唱反調的人，或多或少，都會受到來自周圍的壓力。而且，這些人越是處於高層，大概所受

壓力就越大。

儘管如此，我沒有被國家拘捕，也沒有遭受嚴刑拷打。

我的職位是助教。所以，有些人認為我受到了什麼迫害。這是誤解。現在的工作崗位，還有我的地位，是非常理想的。因為，沒有任何人對我加以命令，我也不必命令任何人。即使受到監視，那也無關緊要，我是完全自由的人。從現在的情況看來，我覺得不可能有比這更好的處境了。

我覺得，不限於我，在日本這個國家，現在，出生時就擁有日本國籍的話，那就什麼都不要害怕，想做什麼就去做，否則，就枉度了人生。

超越「人道主義」和「人權」

人是活在縱向時間的流淌和橫向世界的擴展這二者交匯的某一點上的。這樣考慮的話，人都是平等的。

在現在這個時刻，我只能活在這個地方。在這一點上，其他人也是一樣的。不管是在怎樣的歷史中活過來的人，不管是在怎樣的國家活過來的人，不管是偉人還是無名之輩，所有人都活在縱向時間的流淌和

横向世界的擴展這二者交匯的某一點上。

正因此,所有的人都是平等的,都是不可替代的存在。每個人都是重要的存在,每一個人怎樣度過自己的人生是最重要的。想着大家一起安穩輕鬆地活下去,我認為,這是不對的。

現在的世界,每天都在變化。推動變化的力量來自人們想安穩輕鬆地度過人生這一願望。而與推動變化的力量相伴隨的,是競爭——弱肉強食的競爭。

舉個例子,發達國家和一些被稱作新興國家的極少數國家,耗用了地球上百分之六十五的能源。我認為,這就是弱肉強食。

如果地球上的所有人都像上述國家一樣使用能源的話,地球的環境將遭到根本性的破壞。這一點,人所共知。70 億人不可能都像現在的發達國家那樣過得安穩和輕鬆。既然如此,發達國家就必須減少能源消耗。

而且,不只是人,所有生物都因為有歷史的流淌和活着的地方才得以存在,牠們的生命過程同樣是唯一的不可替代的。並非只有人才重要。

説實話,對「人道主義」和「人權」這兩個詞,我都不喜歡。因為,這樣的説法中隱含了只有人是特別

尊貴的存在這一意識。我認為，如果承認所有生物的
權利的話，「人權」這一表達方式當然就沒有意義。

核電強制所有生物作出犧牲

因這次福島核電站事故受害的，並不是只有人。

在政府發出避難勸告時，人們匆匆忙忙帶了些隨
身物品，連身上的衣服都來不及換，就開始了避難生
活。「避難」，只是人避難，政府說「為防止萬一，趕快
避難」，也只是針對人而說。

因此，家畜和寵物等就被擱在那裏。飼養奶牛的
人家中，有些人認為牛也是家庭的一員。所以，雖然
他們一度逃離了住地，但避難生活難以忍受，又回到
住地，照看自家的牛。他們穿着防護服，戴上防止吸
入放射性物質的面罩。

但是，有很多牛很多馬，被困在牛棚馬廄裏。牠
們逃不走，又沒東西吃沒水喝，只好一頭一頭、一匹
一匹地死去。

有些飼養戶覺得，「怎麼也不能讓牛困死在那裏
呀」，所以，就放開了牛讓牠們逃走。現在，在有些人
不再居住的小鎮，一些野生化的牛和其他生物在四處

亂走。

由於這些牛受到了核輻射，所以，如果牠們逃出
污染地帶，後果將不堪設想。以此為理由，政府要求
把這些生物全部殺掉。可是，這些生物究竟有什麼
罪呢？

背負着核電負面遺產的，不只是人。核電不但給
未來的孩子們留下了包袱，而且在所有場合，都強制
他人（包括其他生物）作出犧牲。

地球的生態系統中，不僅有人，其他所有的生物
也在存活着。考慮到對生態系統的影響，放射性物質
真是最壞的東西。由於有可能改變基因排列，損壞生
態系統本來具有的一定的秩序，所以，放射性物質是
絕對有害的。核電企業製造出放射性物質並讓它擴散，
這樣的事，從一開始就是絕對不能允許的。

善良的心存在於投向沉默領域的目光中

本來，45 億年前地球誕生於這個宇宙的時候，是
一個火球。當時，宇宙射綫大量射向地表，生命無法
孕育。

但是，後來，大氣產生了，大海出現了。40 億年

前，放射綫也相對減弱了。生命，終於得以誕生。最早出現的原始的生命慢慢進化，各種生物誕生又滅絕。結果，現在，我們——人，這一生物統治着地球。我們就是處於這樣的時代。

據說，人是 700 萬年前出現的。後經進化，大約在 10 萬年前學會了狩獵，大約在 1 萬年前學會了農耕。其後，經過很長的歲月，才過上我們今天這樣奢華的生活。

人類無節制地使用能源的歷史始自 18 世紀的工業革命。如果從地球的歷史來看的話，這段歷史是連「刹那間」都談不上的短暫時間。而從另一個角度看，人類無節制地消耗能源的歷史，也是很多生物被趕上滅絕之路的歷史。

地球的生態系統，是借助於非常微妙的平衡而建立的。不管是植物還是動物，所有的生物，都是在縱向橫向，互相支撐下生存的。人類，不過是那些生物中的一個物種，但卻讓那脆弱的平衡崩潰，把其他生物一個個趕上滅絕之路。我們今天生活的時代，就是這樣一個時代。如果人類今後仍然如此的話，那麼，人類自身也終將滅絕。這是因為，人，也是只能在地球的生態系統中得以生存的生物。

儘管事態如此嚴重，我們日本人卻把本來是黑暗的夜晚弄成不夜城那樣的明亮。而且，對那麼明亮的夜晚，還說「不夠明亮」，「要增加電力，要過上更奢華的生活」。我們必須思考，把其他生物趕上滅絕之路的大量浪費能源的這一生活方式，真的幸福嗎？

再回到錢德勒的「變得善良」這一道德要求上來考慮，他到底想說什麼？最近，我終於認識到，他說的「善良」，是對比自己活得艱難的生物，我們應該投以怎樣的目光？

不管是對未來，還是對生存於現在這一時空的孩子們，或者是對無法和人類抗衡的其他生物，我們應該怎樣相待？

「善良」，就是如此存在於投向沉默領域的目光之中。

結束語
——獨特的生命

　　一到晚上，我工作的地方——京都大學原子爐實驗所，簡直就成了動物保護區。黑暗中，貉子在不緊不慢地行走。實驗所的院子裏並不是沒有路燈，但比起外面的大街，夜晚還是要暗一些。

　　仰望星空，可以看到很多星星。與這些可看得見的無數星球相比，我所在的地球，是生命延綿不絕的稀有的星球。

　　我現在在這個地方活着。在地球上的各個地方，現在約有 70 億人活着。70 億人中，有 11 億「絕對貧困」，而其中的 8 億處於飢餓狀態。在現在這一瞬間，也有兒童死去，猶如蠟燭的火焰熄滅一樣。而且，在世界各個地方，現在依然戰火不斷，好多人死得不明不白。現在，巴勒斯坦，以及伊拉克、敘利亞，還有索馬里，炸彈的碎片奪走無數生命，其中當然也有兒童。不僅如此，很多人的自由受到限制，而這種限制，是以

國家的名義,甚至是以鄉規民約的名義進行的。

七八十年前,日本處於戰爭時代。在治安維持法之下,很多國民遭到殺害。那是個人的自由不被承認的時代。面對國家瘋狂奔向戰爭,任何人都無法阻止。日本國民飽受辛酸。更為重要的事實是,日本發動的戰爭讓亞洲人民受盡了苦難。對這一點,真是無法用言語描述。

戰爭結束後,日本制定了憲法。本着反省未能阻止國家走向戰爭,憲法的序言有如下的文字:

> 消除因政府的行為而再次發生的戰禍,茲宣布主權屬國民,並制定本憲法。

但是,在今天的日本,自民黨執政之下,秘密保護法在國會得到通過。在這一法律之下,政府擅自決定何為秘密。如果有國民違反,政府便加以處罰。

保護個人的隱私和秘密,並儘量減少國家的秘密,是民主主義的基本。歷史讓我們鑒往知來,國家製造秘密是通向戰爭之路。可以預見,從今以後,孩子們將生活在黑暗的時代。

但是,至少在現在,我不受國家的限制,以自由

的選擇而活着。出生的時間和地點都不是我的選擇，但作為獲得了生命的人，我對能夠自由地活着懷有無限的感激。

　　本書提到的宮澤賢治，是科學家、詩人、童話作家，也是宗教家。作為獨特的個體，宮澤匆匆走完了三十七年短暫的人生。他在突出表達自己思想的《農民藝術概論綱要》中寫下：

　　　　沒有整個世界的幸福，就沒有個人的幸福。

我覺得確實如此。接着，宮澤賢治還寫下了下面一句話：

　　　　每個人都應該最大限度地表現其卓越的個性。

人是一個人無法活下去的。人是一種具有社會屬性的存在。如果沒有他人的存在，甚至連活着的意義都難以找到。即便如此，每個人都是獨特的個體，在和他人攜手之前，應該重視自己的個性。我希望有這樣的社會環境。

　　在十幾歲的時候，我對核電心懷夢想。迄今為止，我把差不多人生中所有的時間都用在關於核電的研究

上。但是，很遺憾，核電的世界，和我理想的世界完全相反。

一言以蔽之，日本的核電企業是和國家結合為一體的權力組織。

福島第一核電站事故發生後，十多萬人的生活從根底遭到破壞，不得不流浪他鄉。即使是在這十幾萬人曾經居住的地方（現在不能居住──譯者）的周圍，也有大片土地本應按照法律被指定為「放射綫管理區域」，禁止一般民眾進入。但是，日本政府卻把這些民眾丟棄在那裏。我想問，日本還能稱為法治國家嗎？

進行如此的犯罪，但至今卻無任何一人受到懲處。原因無非是，核電是按照政府的意向發展起來的產業。以權力進行的犯罪，只能通過更為巨大的權力加以懲處。唯一的例外是革命。但在日本，很長的歷史中，國民都是隨大流，順從強者。即便如此，我還是希望有一天，日本能成為每一個普通人都在日常生活和工作中發揮出自身不同個性的社會。

本書的題目是「致 100 年後的人們」。但是，100年後，日本這個國家到底會怎樣，我是不得而知的。不過，100 年後的人們一定會向我質問：在你們那個走向黑暗的時代，你是怎樣活過來的？那個時候，我

希望自己能如此回答：我以我的方式活了過來，我不受來自任何人的限制，自由地度過了自己的人生。

本書由「集英社新書」的落合勝人先生和撰稿人加藤裕子女士整理而成。我一直認為，我個人的一些事是無足輕重的，因此對出版本書有所猶豫。不過，如果能通過我的親身經歷映襯出當今是怎樣的一個時代，那也是值得慶幸的。向落合先生和加藤女士表示感謝！他們通過對我的採訪，獲取了這個時代的一個斷片。

小出裕章
二〇一三年歲暮

附録

精神的貧瘠
——批判日本政府將核垃圾推給偏遠地方

小出裕章 撰　　韓應飛 譯

　　1942 年 12 月，第二次世界大戰正在激烈進行當中。而正是這個時候，人類歷史上第一座核反應爐在美國芝加哥大學開始運轉。很多人聽到「核反應爐」這個詞時，都會想到「核發電」。確實，核發電，是讓鈾這種放射性物質在核反應爐裏進行核裂變反應，然後利用由此產生的熱量來發電的。但是，人類當初製造的核反應爐，並非以發電為目的，而是為了要得到後來在長崎爆炸的那顆原子彈所使用的原料——鈈 -239 而開發的。

　　那以後，不需要氧而能夠進行核裂變反應的核反應爐開始用於劃時代的兵器——核潛艇。接着，又被用於核電站。

核垃圾

　　讓鈾進行核裂變反應的話，會產生被稱作核裂變生成物的放射性物質。這是無法避免的。今天，最為普遍的核反應爐的發電能力為 100 萬千瓦。這樣的核反應爐運轉一年的話，會消耗 1 噸的鈾，也因此產生 1 噸的核裂變生成物。廣島爆炸的那顆原子彈，是讓 800 到 900 克的鈾進行核裂變反應的。所以，上述的核反應爐運轉一年的話，自然會產生超過 1000 顆廣島原爆產生的核裂變生成物。

　　日本第一座核電站是 1966 年在茨城縣東海村開始運轉的。此後，在世界上首屈一指的地震大國日本，共建造了 57 座核反應爐，並實際上運轉了幾十年，有十餘座，現在也在運轉。日本核電站的累計發電量達到了 8 兆千瓦時。日本政府和電力公司為此而自豪，但是，發電量是和進行核裂變反應的鈾的重量成正比的。如果把日本的核電站迄今用於核裂變反應的鈾和廣島原爆所使用的鈾相比，前者是後者的 120 萬倍。就是說，核發電使用了相當於 120 萬顆原子彈所使用的鈾。從另一個角度看，我們在得到電力的同時，也製造出相當於 120 萬顆廣島原爆產生的核裂變生成物——死灰。

無法實現的放射性物質無毒化

讓鈾進行核裂變反應的話，不可避免地會產生核裂變生成物這樣的放射性物質。這一點，專家們早就知道。所謂放射性物質，是釋放「放射綫」的物質，而「放射綫」對生命體有害，這是確定無疑的。既然如此，讓放射性物質無毒化，也就是消除核輻射，就是一件必須做的工作。這一點，也是專家們當初就明白的。於是，人們期待隨着科學的進步，有一天，放射性物質的無毒化將得以實現。推進核電產業擴大的日本政府和專家們也一直在對國民説：那一天，一定會到來。可是，80 年後（從 1942 年核反應爐誕生算起。——譯者）的今天，放射性物質的無毒化，依然未能成功。這一事實意味着，將來也難以成功。於是，政府和專家們就想，既然無毒化無法實現，那就讓放射性物質遠離生活環境。迄今為止，他們想出了下面這些隔離方法：用火箭把放射性物質打到太空的「太空處理」；扔到南極的「冰蓋處理」；扔到深海的「海洋處理」等。但是，以上這些方法無一能保證安全。結果，只好採用深埋地下的「地層處理」。這成為唯一的方法。

強迫偏遠地區作出犧牲毫無道理

從根本上說，鈾本身就是放射性物質。把埋在地下的鈾挖出來的時候，核輻射立即產生。但是，讓鈾進行核裂變反應的話，核輻射的強度會膨脹到 1 億倍。而要讓這 1 億倍的核輻射再減弱到當初的強度，需要 10 萬年到 100 萬年的時間。大家想想，核電站的壽命，不過是幾十年；電力公司能夠維持的時間，也不過 100 年；就是國家，也只不過是存在 100 年、1000 年的年月。不僅如此，日本還是世界上唯一的四塊地殼板塊交界、碰撞的國家。在這樣的地質環境下，要找到 10 萬年到 100 萬年都能保證放射性物質安全存放的地方，是根本不可能的。儘管如此，福島核電站事故發生後無一人被追究責任的「核電黑社會」卻一直宣稱：埋在地下的話，就安全了。結果，2020 年，北海道的壽都町（人口為 2900 人）和神惠內村（人口為 800 人）表示同意接受有關核垃圾投棄、深埋的調查。今年，鹿兒島縣最南端的南大隅町（人口為 6400 人）也有接受核垃圾的傾向。

實際上，在日本，為核電站提供廠區建設用地的 17 個市、町（相當於中國的鎮）、村，也並非樂於接受

核電站的建設。人口持續減少的偏遠地區，財政狀況惡化。在毫無辦法改善財政狀況的壓力下，就像抱住救命稻草一樣接受了核電站建設帶來的金錢收入。享受電力便利的大城市要迴避危險的局面，所以把核電站推給了偏遠地區。現在，他們又要把核垃圾推給偏遠地區。這麼不公平、不公正的事，是不能允許的。日本這個國家，精神的貧瘠，到底會發展到何種程度？

　　必須再強調一點，那就是，最重要的，是自己不知如何處理的垃圾，本來就是不能讓它產生的。核電站，從一開始就不能允許建造。

（原文「核のゴミを過疎地に押し付ける心の貧しさ」
刊登於《季節》雜誌 2023 年夏季號。）

譯者附記

1. 四塊地殼板塊的交界、碰撞，導致日本成為世界第一地震大國。世界上十分之一的地震，發生在日本。

2. 2023 年 7 月 11 日，《朝日新聞》以大半個版面特別報道了核垃圾處理的問題。報道介紹了北海道壽都町和神惠內村接受核垃圾處理調查的進展情況，指出了以下事實：接受「文獻調查」（調查過去的地震紀錄等）的兩年中，壽都町和神惠內村都接受了日本政府的交付金 20 億日元。

   按照日本政府的方針，「文獻調查」結束後，將進行「概要調查」；在「概要調查」的 4 年期間，最多支付 70 億日元的交付金。之後，是長達 14 年的「精密調查」。伴隨着「精密調查」的支付金額，尚未公布。

   特別報道還提及長崎縣對馬市欲接受關於核垃圾最終處理調查的現狀。推進派的市議會議員認為，先接受「文獻調查」，拿了那 20 億日元再說。而反對派的漁民則主張，一旦接受了調查，再想反悔，政府都不會放過；20 億日元，不是振興地方經濟的啟動資金，而是定時炸彈。

   截至目前，日本核垃圾深埋的最終處理地，尚未有

一處落實。

3. 關於核垃圾，7 月 11 日的《朝日新聞》如下解釋：
核發電產生的「已使用核燃料」，在經過「再處理」
將鈾和鈈分離出去後，剩下的是核輻射強度很高的
廢液。這些廢液，要和玻璃一起熔化，然後再加以
凝固。這就是核廢棄物，也稱為「核垃圾」。核垃圾
被裝入直徑 40 厘米、高 130 厘米的不銹鋼容器中。
《朝日新聞》強調，人在不銹鋼容器旁邊站上 20
秒，就會死亡；日本預計要處理的核垃圾量達 4 萬
多個不銹鋼容器。

（原刊於《明報月刊》2023 年 10 月號）

為什麼不能允許把放射性物質污染水排入海裏

——小出裕章先生的見解

韓應飛

今年 1 月 21 日，日本反核電旗手小出裕章先生在福島縣田村郡三春町發表了題為「為什麼不能允許把放射性物質污染水排入海裏」的演講。4 月，《季節》雜誌全文刊出了演講內容，長達 16 頁。

福島核電站污染水的形成和現狀

福島第一核電站廠區的佔地，本來是海拔 34 米，但為了建造核電站而挖到海拔 10 米的深處。核反應爐的廠房，就是建在海拔 10 米的地方。因為深挖，挖掘過的地方，自然比周圍低了很多。這樣，地下水和地表的水，都流入這深處。東京電力公司的解釋是，污

染水是因下雨滲入廠房和地下水流入廠房而產生的。

本來，核反應爐廠房是有巨量核輻射的地方，是放射綫管理區域，必須切斷和外界的連接。放射綫管理區域，是不能允許空氣和地下水流入的。但是，污染水卻不斷流入。

早在 2011 年 5 月，小出先生就建議東京電力建造擋水牆，把地下水完全切斷。但是，東京電力沒有採納他的建議，而是花費 300 億日元的國家預算建了完全不起作用的凍土牆。結果，時至今日，污染水一直在增加。

對增加的污染水，怎麼處理？經濟產業省資源能源廳作了如下的說明：先從污染水中重點除去銫（Cesium、以 Cs 表示）和鍶（Strontium、以 Sr 表示），然後，再把氚（Tritium、以 T 表示）以外的其他放射性物質也除去；因氚無法除去，所以，沒有辦法，只好把那些水存放到水箱裏。

現在，福島第一核電站廠區內積存了 130 萬噸這樣的水。這些水，實際上除了氚以外，還含有鍶 -90 和碘 -129（碘：Iodine、以 I 表示）等各種各樣的放射性物質。這些存放在水箱裏的水，按照日本的法律，其濃度超過標準，是不能排放到海裏的。為了能夠排放，必須

把濃度稀釋到國家標準以下。具體地說，就是從 1 倍稀釋到 5 倍，然後，從 5 倍到 10 倍，從 10 倍到 100 倍，最後，再稀釋 100 倍。不如此稀釋，就無法低於國家標準。

現在，水箱裏存放的污染水的 70% 以上，是這樣的放射性物質污染水。

小出先生明確指出，即使把氚以外的放射性物質盡可能除去，讓這些物質的含有量低於國家標準，但氚這一放射性物質是完全無法處理的。所以，水箱裏的水是含有氚的。也就是說，這些水，全是放射性物質污染水。

廠區內有 1000 個大水箱，可存放 139 萬 5400 噸水。現在，包括東京電力說的「處理水」（實際上是氚污染水），以及鍶處理水和濃縮廢液在內，一共有超過 133 萬噸存放在水箱裏。東京電力的說法是，沒有地方設置新的水箱，只好排放到海裏。

如果排放，對氚如何處理？

小出先生講解了「水」的概念。他說，眾所周知，水分子是由 1 個氧原子和 2 個氫原子構成的，即 H_2O。他說，這是普通的水，但有的氫原子是普通氫原子的兩倍重，即重氫（Deuterium、以 D 表示，氘），這是天然存在的，有的水是含有重氫的。「那麼，什麼

是氚呢?寫做 T,是普通氫原子 3 倍重的氫原子。而氧原子周圍有一個普通氫原子和一個氚原子的水,就是氚化水。」小出先生強調:「氧原子的兩側有兩個氫原子,在化學性質上,是完全相同的水。不管是怎樣嚴格地把放射性物質從污染水中清除出去,但因為氚是水本身的構成要素,所以,是絕對清除不掉的。怎麼做都不行。」

針對有些人的「總會有辦法的」這一說法,小出先生說:「使用『同位素分離技術』的話,確實可以把氚化水和普通水分離,但是,做這件事,需要耗用巨大的能源。」小出先生斷言,污染水已經積攢下了 130 萬噸,對這些污染水,要應用「同位素分離技術」,是不現實的。

那麼,究竟該怎麼辦呢?

小出先生說:「人類沒有消滅核輻射的力量。考慮到放射性物質的壽命,只能是長時間地保管,然後讓放射性物質自然衰減。」

小出先生警告說,核輻射一定會給人類和自然帶來危害。有人認為,人類既然無法消滅核輻射,那就把放射性物質污染水排入大海。他批判說,這一想法,從一開始就是錯誤的。

小出先生認為,對福島核電站積存的污染水,不

是排入大海，而是應該採取其他現實而有效的辦法。
他説，辦法是有很多的，比如，設置更大的水箱、用灰
漿 (mortar) 凝固、壓入地下、注入海的深層等。小出
先生認為：「按這些辦法處理後，氚化水遲早還會流入
有生命的環境，但不管怎麼説，以上的辦法，可以爭取
一定的時間，這是最重要的。」

水污染是終極污染

　　小出先生明確指出：「地球被稱為水的行星。對水
的污染，會成為終極的環境污染。」

　　他介紹，地球上原來就有極少量的氚存在；這些
氚，是從宇宙射綫中產生的。但是，五六十年前，人類
通過大氣層內的核試驗而生成的氚，其數量是地球原
本存在的氚的 100 倍。這 100 倍數量的氚，把地球全
污染了。現在，五六十年過去了，因大氣層內核試驗
產生的氚的數量，減為當初的一百分之一，與地球上
原本存在的氚為差不多同樣的數量。可是，東京電力
圖謀把福島核電站的污染水排入海裏，這一排放，意
味着氚將流入大海。

　　小出先生指出：「如果青森縣六所村的核燃料再處

理工廠開始運轉的話，肯定每年都會把氚排入大海。而自民黨説還要搞核聚變，如果搞核聚變，那就會把巨量的氚作為燃料使用，引起無法扭轉的環境污染。」

　　小出先生指出：「東京電力所要實施的，是把氚化水排入海裏。這是最簡單的污染水處理辦法。」他認為，因氚的濃度遠遠超過國家標準，所以需要經過稀釋才能排放。他警告説，僅僅是現在存放在水箱中的污染水，假如按照東京電力的設想能順利排入海裏，這一作業都要持續到 2046 年；但是，這段時間內，污染水本身還在增加並必須一直加以儲存。他預測，為了把這些污染水也排入大海，總共需要 50 年的時間。

　　説到這裏，小出先生似乎生出憤怒的情緒，對聽眾説：「今天來到會場的人、東京電力的有關人員、政府的官僚、還有那些聲稱核電安全的學者們，50 年後，全都死了吧！事情就是如此嚴重！即使是用東京電力考慮的最簡單的辦法來處理污染水，都是如此艱難！」

　　這裏，筆者想插入小出先生的盟友、當年京都大學原子爐實驗所的同事今中哲二先生關於污染水處理的建議。今年 2 月 4 日，今中先生在大阪演講，他在回顧日本核電的歷史和福島核電站事故的同時，分析了日本核電的現狀。關於福島核電站的污染水，今中

先生說：「現在必須做的，是建造擋水牆以阻止地下水流入廠區。而對積存下來的污染水，應該採取凝固的辦法長期保管，用大型水箱長期保管也是辦法之一。因為氚的半衰期為 12 年，所以，存放在水箱裏，保管其 10 倍年數的 120 年的話，核輻射將減為一千分之一，然後，再保管 120 年，就會減為一百萬分之一。這樣，就沒問題了。」

　　針對東京電力「沒有地方設置水箱」這一說法，今中先生說：「離開福島第一核電站 10 公里的第二核電站也已決定拆除核反應爐，所以，那裏是有土地的。另外。東京電力只是開始了初期建設的青森縣東通核電站那裏，也有大片的土地。」

不願看到的現實：
日本政府必定會把污染水排放到海裏

　　小出先生說，放射性物質污染水積存於水箱中，怎麼處理，本來是有很多辦法的，但政府和東京電力卻要選擇最簡單的「排入海裏」這一辦法。背後的原因是：他們在想方設法實現青森縣六所村核燃料再處理工廠的運轉。（六所村核燃料再處理工廠是 1999 年建

成並開始試運轉的，但一直沒能正式運轉。）

小出先生介紹，自民黨政權在「核電安全」的旗號下，一共建造了 57 座核電站。在自民黨周圍，有電力公司和核電產業直接相關的企業和團體，還有大建築公司，再加上大媒體，這些利益集團，合夥推動了核電產業的擴大。政府和這些利益集團，還圖謀搞核聚變，進一步擴大核電產業。為此，他們投入了幾十億、幾百億日元的宣傳費。他們的終極目標，是要得到「鈈」（Plutonium，以 Pu 表示）這一放射性物質，即美軍在長崎投下的那顆原子彈所使用的原料。為了這一目標，必須對「已使用核燃料」進行再處理。因此，他們想盡辦法促成六所村再處理工廠的運轉。

福島核電站事故的發生，讓 250 噸核燃料熔化落下。這導致鈈大量擴散到大氣中。此外，一部分氙以污染水的形態存在於水箱中。如果福島核電站事故沒有發生的話，爐心的燃料將會怎樣處理呢？小出先生說，沒發生事故的話，核燃料將以「已使用燃料」這一形態被運到六所村再處理工廠，在那裏實施再處理，從而分離出鈈。但是，再處理工廠也無法分離出氙，所以只好把氙全部排入大海。小出先生介紹，六所村再處理工廠一年處理「已使用核燃料」的能力是 800 噸，如果工廠

運轉，這 800 噸中所含的氚將全部排入海裏。

　　小出先生尖銳地指出，如果禁止福島核電站事故帶來的氚化水排入海裏，那麼，六所村再處理工廠就無法運轉。如此的話，日本核能開發的根基將動搖。

　　正因此，不管福島縣民，特別是漁民怎麼反對，不管世界各國怎麼抗議，日本政府還是要把放射性物質污染水排入大海的。

　　這裏，筆者想引用小出先生在 2014 年出版的《致100 年後的人們》（集英社）一書中有關「鈈」和「再處理工廠」的一些內容。小出先生一針見血地指出：「自民黨這個政黨一直在推動日本核電產業的擴大，口口聲聲說什麼『和平利用』，但其目的是為了擁有『一旦需要就能製造核武器的能力』」。他還在書中寫道，日本為了從「已使用核燃料」中分離出鈈，而建造了再處理工廠；而鈈，是製造原子彈所需要的原料。

　　1 月 21 日的演講中，小出先生強調，福島核電站的放射性物質污染水問題，不僅僅是局限於那場事故的問題，而是和日本核能開發的根本相關聯的問題。他說，阻止污染水排入大海，是極為重要的鬥爭。

（原刊於《明報・世紀》，2023 年 7 月 11 日）

附記

2011 年，小出先生建議在核反應爐廠房的地下建造擋水牆，以阻止熔化落下的爐心和地下水的接觸。

擋水牆擬用混凝土和鋼鐵建造。

東京電力匡算的結果是，為建造這一被稱為「地下水壩」的擋水牆，預算需要 1000 億日元。考慮到將於當年 6 月舉行的股東大會上會引起糾紛，東京電力沒有接受這一建議。

到了 2013 年，政府和東京電力開始認識到擋水牆的必要性，2014 年終於開始建造。但是，本來是應該用混凝土和鋼鐵建造，但東京電力卻選擇了「凍土擋水牆」。

凍土牆是挖掘隧道時使用的技術，通過土的凍結來建造牆壁。但是，隧道挖掘時，只是一段一段凍結就可以，而且是短時間內能起作用就可以。

而東京電力建造的，是長達 1.5 公里的巨大的牆壁。在地下每隔 1 米打入 30 米長的管子，通過往管子裏灌入液體冷卻材料，讓周圍的土壤和地下水都凍結。

為了維持冷凍狀態，必須不斷灌入冷卻材料。如果停電，灌入就會停止。此外，管子也會堵塞和折斷。

　　小出先生認為，這一做法太危險了，凍土牆根本不可能長期維持。

　　事實上，2014 年 6 月，凍土牆開始試運轉，但一個半月都沒能充分凍結。

　　2015 年再度試驗，一個半月後，土壤究竟是否凍結，無法確認。

　　2017 年，凍土牆終於完工。按東京電力的説法，比起沒有凍土牆的時候，污染水一天減少了 95 噸。

　　現在，一天有 170 噸的污染水通過凍土牆未凍結的部分流入廠房。

　　東京電力公布，凍土牆的建造，共花費 562 億日元，其中有國家的補助金 345 億日元。

　　此外，為了灌入冷卻材料，每一年都需要十幾億日元的電費。小出先生指出，不能忘記，這十幾億日元，是由國民負擔的。

（小出裕章《核電事故並未結束》，
每日新聞出版，2021）

核電是永久的債務
——日本反核電先驅水戶嚴三十年前的警告

　　日本已故物理學家水戶嚴認為：「核電是（人類）永久的債務，核電站是為核時代和工業文明的末日裝點門面的恐龍。」二○一四年三月，彙集了水戶多篇論文和演講稿的《核電站——走向滅絕的恐龍》一書在日本出版。

　　水戶生於一九三三年，六十年代後期至七十年代初期在東京大學原子核研究所從事宇宙射綫和基本粒子方面的研究，一九七四年後任芝浦工業大學教授。六十年代末開始，水戶積極參加反核電的各種市民集會，並在反核電團體提起的訴訟中，以物理學家的身份為原告出庭作證，力陳核電的巨大危險。此外，他還把握各種機會發表演講、撰寫論文、接受採訪，警告世人不要對所謂「核電安全」抱有任何幻想。

　　水戶於一九八六年底在登山中遇難，年僅五十三

歲，生前未曾出版過有關核電問題的著作。對此，
「三一一」大地震後以呼籲廢除核電而知名的原子核物
理學家小出裕章在本書前言中寫道：「（七八十年代），
電力公司、龐大的產業界、媒體、學者，甚至連法院
都為推動核電產業擴大而走到了一起。抵抗的人當然
有，但人數少之又少，那是用螞蟻和大象的較量都無
法形容的艱苦的抗爭。我們每個人都肩負大量工作，
自己完全沒有時間去寫書。連我都如此，水戶先生想
必更是如此。」關於本書的內容，小出認為：「雖然只
記錄了水戶先生活動的一小部分，但在第一章『關於核
電的十七個問答』中，他對核能的本質作了簡潔而充分
的解釋。」關於福島核電站事故，小出指出，水戶在書
中預言事故會發生，並作了「具體描述」。小出還說，
書中有不少地方可以看到水戶指出了核電問題的本
質，十分尖銳。比如，水戶認為核電站是效率很差的
蒸汽機，運轉過程中產生的能量只有三分之一被轉換
為電力，其餘的三分之二只能丟棄到海裏，換句話說，
是給海水加熱。水戶認為，如果從海洋生物的角度看，
無疑是殺戮行為，是環境破壞。小出借用水戶的說法
諷刺道，應該把「福島第一核電站」稱為「福島第一海
水加熱裝置」。

　　全書主要由四章組成。依次為反核電入門、三哩島和切爾諾貝爾核電站事故的教訓、核能問題，以及東海核電站訴訟演講記錄。

　　書中所收論文較早寫於一九七五年，最晚寫於一九八六年。有關東海核電站訴訟的演講稿，最早是一九七八年，一九七九年三月廿八日的美國三哩島核電站事故尚未發生，而一九八六年五月中旬的演講則是在同年四月廿六日切爾諾貝爾核電站事故發生後不久。此外，一九七九年六月在芝浦工業大學為歡迎新生而作的演講──《我們不要核電站》是在三哩島事故三個月之後。由於寫作和演講時期的不同，論文及演講時列舉事例，分析對比側重點不盡相同。但是，所有論文和演講稿都有一個重中之重，就是詳細分析並說明核電的巨大危險性。其中，在芝浦工業大學的演講簡明易懂，在此略作介紹──

　　「核電站是利用鈾-235 這種同位元素的裂變反應來發電的。（一九四五年）投向廣島的那顆原子彈也同樣是利用鈾的核裂變連鎖反應而爆炸的。那顆原子彈中發生核裂變的鈾-235 大約是一公斤。」原子彈的爆炸「導致十五萬人當即死亡，另有十萬人因患原爆症而（在後來）死亡」。

　　原爆症是在原子彈爆炸後不久，以及第二天因受到死灰的輻射而發生。所謂「死灰」，就是爆炸時產生的「核裂變生成物」。一公斤的鈾裂變後還是一公斤，但形成「死灰」，飄到上空，導致降雨，因而也被稱為「黑雨」。

　　再來看核電站，「發電能力為一百萬千瓦的核電站大約十個小時就消費掉一公斤鈾，因而運轉一年後會產生一噸死灰，為廣島原子彈死灰的一千倍。」水戶強調，只要一噸死灰中的百分之零點一泄漏，就相當於廣島原子彈爆炸時發生的死灰數量，由此可知，核電站有「多麼巨大的潛在危險」。

　　關於死灰泄漏問題，水戶在論文和演講中不厭其煩地通過列舉各類事故發生的可能性進行了闡述。針對美國一位科學家用概率論方法對核電站事故分析後推論其發生的概率與隕石落在城市中心部位相同這一說法，水戶批判說，把自然災害和工業設施事故在概率上作比較是毫無意義的。他說，關鍵是核電站大事故發生的概率不是零。切爾諾貝爾事故之後的一次演講中，水戶按當時日本擁有三十三座核反應爐的情況預測說，如果這些核反應爐全部運轉的話，六十年之內將發生一次切爾諾貝爾級的大事故。

　　水戶特別強調死灰泄漏的危險性，是因為核輻射完全消失需要幾萬年，甚至幾十萬年。水戶認為，核廢物的永久處理是不可能的。他說，深埋地下這一方法無法迴避幾萬年、幾十萬年中地質結構變化帶來的影響，而且即使深埋，也還是需要人的管理。水戶引用一位美國科學家的觀點說，人類社會中歷史最長久的社會組織是天主教會，如果要管理核廢物，就需要類似天主教會的社會組織。果如此，人類將被那樣的組織所統治。

　　此外，關於核電站事故發生後核輻射對人體的影響，對生活環境的破壞，對社會正常運轉的打擊，水戶都作了細緻分析。值得一提的是，切爾諾貝爾事故後，水戶一九七四年在大學設置的放射性物質測量裝置準確觀測、收集到了來自切爾諾貝爾的放射性物質。這一裝置四十年來一直在運轉，福島核電站事故後為有關專家提供了大量觀測數據。

　　水戶思想深邃、視野開闊。他在第一章中寫道：「能源消費的問題，不是自然科學規律的問題，而是人類社會的問題，是政治、文化的問題。只從技術層面去尋求解決辦法是一個極大的錯誤。」在第一章的結尾，水戶再次強調：「核能存在諸多問題，這不只是科

學技術的問題，而是政治、文明、社會、文化總體上的問題。」在第四章，水戶呼籲人們改變生活方式。他舉出東京銀座夜晚過度耀眼的霓虹燈為例，認為沒有這些霓虹燈也無關緊要。水戶說，現代人的生活方式消耗電力太多，節約百分之二十的電力並不是多麼難的事（七八十年代日本核發電量佔其總消費電量的百分之二十）。他說，如果要他回到十年前的生活，他並不感到痛苦，回到二十年前的生活也沒什麼了不起。水戶強調，不要被那些「今後十年電力需求會更大，因而有必要不斷建設核電站的宣傳所迷惑」。水戶高度評價七八十年代西德（當時）等歐洲國家出現的「綠黨」這一政治組織的意義。他說，過度強調電氣化帶來的便利沒有太大意義，相反，提倡綠色食品，堅決反對環境污染這樣的生活意識的改變更有意義。

　　水戶夫人喜世子女士為本書出版而撰寫的文章也附在書末。喜世子女士在一種悔恨和無奈的心情中寫道：「現在，如你（水戶巖）所預言的，核電站發生了爆炸，強烈的核輻射四處擴散，福島的人們被拖入了地獄。可是，這個時候卻沒有你的身影！這不可能啊！如果你在的話，一定會想出辦法的。……你在我的夢中出現，你獨自闖入首相官邸，向菅首相（『三一一』

地震時在職首相菅直人）強烈要求：『讓我們也參加救援！』但是，這樣的夢也僅僅就是那麼一次。你遇難以來，我從未有過如此強烈的失落！」喜世子女士介紹說，她曾問丈夫：為什麼在科學家中反核電派是少數呢？丈夫回答：關鍵是要看那些科學家究竟把人的生命看得有多重。喜世子女士說，作為物理學家，丈夫致力於基本粒子理論的研究，取得獨樹一幟的成就，但同時，他也把反核電看作是自己的人生事業，他一定是覺得，如果人類都滅絕了，搞研究還有什麼意義呢？

　　喜世子女士在文章中稱讚原子核物理學家小出裕章是日本「有良心的科學家」代表。其實，水戶先生又何嘗不是一位「有良心的科學家」呢？小出在本書前言中寫道，沒有人性的科學，有百害而無一利。他介紹說，水戶先生一直撫心自問：所從事的科學研究對社會有何意義？小出評價說，水戶先生是一位把科學和技術放在對未來社會的構想這一框架中來思考的罕見的人物。

　　　　　　　　　　（原刊於《明報月刊》，2014 年 12 月號）

譯後記

　　2018 年 10 月中旬的一天，小出裕章先生給我發來電郵，另附有一個文字檔。文字檔是他不久前發出的一封公開信，告訴關心他的人們：退休已經三年了，身體不如從前了，記憶力也下降了；雖然退休時計劃的隱居生活一時還難以實現，但打算大量減少演講；現在的地址是妻子開辦的英語教室的地址，代我收發信件；現在的電話也是英語教室的電話，我有時利用這個電話接受媒體採訪；電子郵箱今後一段時間還將繼續使用，但地址和電話近期將關閉。

　　翌日早晨，我把這封公開信拿給大學一位年長的法語教師看。他邊看邊說，轉告小出先生，繼續演講！看完信後，他又說，這幾天諾貝爾獎的消息很多，說實話，諾貝爾和平獎應該發給小出先生！法語教師比小出先生小四歲，那年六十五歲。在他看來，小出先生還遠不到隱居的時候，而是應該繼續燃燒。想必，他

是那種「人生，就應該燃燒到最後」這一想法的人。他聽我說過一年半前見到小出先生時的情景，憑想像，覺得小出先生應該繼續發揮別人無法替代的作用。他並非不近人情，不考慮別人的身心狀況，而是覺得，日本，還需要小出先生！

幾天後，我又見到一位退休教授。他大學時專攻法語，後來在美國和日本的幾所大學從事日語教學工作，對世界對日本的現狀都頗為不滿。我和他在公園一邊散步，一邊談起小出先生打算大幅度減少工作量這一消息，他聽後很吃驚，停下腳步，目光直視前方，說：「那怎麼行？日本，需要小出先生！」

1970 年開始反核電活動的小出裕章先生，2011年 3 月 11 日福島第一核電站事故發生後的幾年間，把工作之餘的大部分時間用於演講、著書、撰文、接受採訪，以期使更多的日本國民能夠認識到：核電是人類永久的債務，核電是為原子彈氫彈時代和工業文明禮讚時代的末日裝點門面的恐龍！

2015 年 3 月退休時，小出先生在京都大學發表了「最後的演講」。他的退休演講，聚集了很多人，《每日新聞》還專門發表了專欄文章，讚揚小出先生在日本反核電運動中所發揮的作用。「最後的演講」，後來由岩

波書店結集出版。

我是 2016 年春季和小出先生取得聯繫的。那年 4 月，在東京一個由市民團體舉辦的紀念切爾諾貝爾核電站事故 30 周年的演講會上，首次見到他。演講會開始前，數十人和小出先生握手，問候，以致他不得不每隔幾分鐘就得用手絹擦一下手上的汗水。演講會大廳的 500 多個座位，全部坐滿。小出先生演講時，全場觀眾聚精會神，演講結束時，觀眾報以熱烈的掌聲。

前述的《每日新聞》專欄文章稱讚小出先生是日本反核電運動的旗手，而 2016 年 4 月東京紀念切爾諾貝爾核電站事故 30 周年演講會的熱烈場面，證明了小出先生不愧為是反核電的旗手。

2011 年 3 月 11 日福島第一核電站事故發生後的一段時間，日本國民的半數以上支持當時的民主黨政權在 2030 年廢除核電的政策。但是，2012 年冬天，安倍晉三重新執掌政權，日本一天天回歸「需要核電」的社會氛圍。截至 2023 年秋天，已有 12 座核電站在重新開始運轉。

儘管如此，仍有近半數的國民支持立即廢除核電。對這近半數的國民來說，小出先生依然是反核電的旗手，依然需要他發揮自己不可替代的作用。

　　我平時接觸的大學教師中，有十幾位非常贊同小出先生有關核電問題的主張。如前面提到的法語教師和退休教師一樣，記得是 2016 年夏季，我和中央大學教授、著名歷史學家吉見義明先生談起不久前去聽小出先生演講的事，他也表示非常贊同小出先生「立即全部廢除核電」的主張。他還說，即使從安全保障的觀點考慮，核電站也是極大的風險。吉見先生的意思是，如果發生戰爭，外國可輕易攻擊日本的核電站；果如此，對日本來說，將是毀滅性的結果。2023 年夏天，我讀到福井地方法院前法官樋口英明先生的見解，他斷言，雖然岸田政權大量購買美國的導彈，但日本根本就沒有進行戰爭的能力。和吉見先生一樣，樋口先生也認為，外國軍隊只要攻擊日本的核電站，對日本來說，結果就將是毀滅性的。

　　2017 年 1 月中旬，我在大學的跨系綜合講座上，給 200 多名學生講了「核電危及人類生存」的問題。在發給學生們的資料上，我寫下了推薦書目，其中的一本即是本書——《致 100 年後的人們》。翌日中午，我在東京品川和小出先生相見，交談了兩個多小時。1年後，我決定翻譯《致 100 年後的人們》，和小出先生聯繫，他爽快地答應了。而且，還在很短時間內幫我

和集英社的編輯取得了聯繫，得到了出版的許可。

2017 年 1 月在大學的講座上，我對學生們説，向你們推薦阿列克西耶維奇的《切爾諾貝爾的祈禱》和小出裕章的《致 100 年後的人們》，圖書館裏有這兩本書，借了看看，也許會改變你們的人生觀！

我比那些學生們差不多大三十五歲，我的年齡，大概不是人生觀輕易改變的時候了。但是，老實説，反覆閱讀《切爾諾貝爾的祈禱》和《致 100 年後的人們》，還是讓我的人生觀改變了不少！

《致 100 年後的人們》出版快 10 年了。讀者朋友們也許會認為這是一本舊書了。不，這是寫給 100 年後的人們看的，所以歷久常新。

100 年後的福島第一核電站究竟會是個什麼樣子？小出先生在書中指出：「估計核污染的範圍將更加擴大，受到核輻射的居民的健康也將受到更大的損害。」

我認為，該書敍述的主線雖然是核電和福島第一核電站事故，但讀罷全書，更受衝擊的，還是「人的一生的活法」、「徹底的個人主義」、「人類在地球上的位置」這樣一些哲學性的問題，以及「國家的強權」、「對弱者的歧視和欺壓」、「核電黑社會這一既得利益集團

的橫行」這樣一些危及日本民主主義根基的政治和社會問題。

小出先生主張「超越『人道主義』和『人權』的概念」，對我來說，可謂振聾發聵。不知讀者各位有何感想？

小出先生說：「如果沒有田中正造，我也許會絕望。」

反覆閱讀《致 100 年後的人們》以及其他一些有關核電問題的著作後，我感慨至極：幸好有小出先生，有福島菊次郎先生（已故），有今中哲二先生（小出先生的盟友，當年京都大學的同事），否則，我也會對世界對人生感到絕望。

感謝陳芳小姐的鼎力相助！如果沒有她在書稿的修改審定和尋找出版社時投入大量的精力，書稿只會停留在打印稿的階段。她的熱心和耐心，也是對小出先生的敬意。也感謝初文出版社黎漢傑先生。

韓應飛

2023 年 10 月 6 日